JIANZHU GONGCHENG
建筑工程快速识图丛书
KUAISU SHITU CONGSHU

第三版

孙成明　张万江　马学文　编著

建筑电气施工图识读

JIANZHU DIANQI
SHIGONGTU SHIDU

U0205673

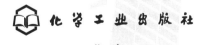

化学工业出版社

·北京·

本书主要介绍了建筑电气施工图的识读方法。主要包括建筑电气工程施工图基本知识，变配电工程施工图的识读，动力工程施工图的识读，照明工程施工图的识读，建筑防雷与接地工程施工图的识读，弱电工程施工图的识读等内容。

本书可供从事建筑电气工程施工的工程技术人员使用，也可以作为建筑电气工程专业学生的教学参考书。

图书在版编目（CIP）数据

建筑电气施工图识读/孙成明，张万江，马学文编著. —3 版.
北京：化学工业出版社，2016.6（2023.3 重印）
（建筑工程快速识图丛书）
ISBN 978-7-122-26973-7

Ⅰ.①建…　Ⅱ.①孙…②张…③马…　Ⅲ.①房屋建筑设备-
电气设备-建筑安装-工程施工-建筑制图-识别　Ⅳ.①TU85

中国版本图书馆 CIP 数据核字（2016）第 094157 号

责任编辑：左晨燕　　　　　　　　　　　装帧设计：史利平
责任校对：王素芹

出版发行：化学工业出版社（北京市东城区青年湖南街 13 号　邮政编码 100011）
印　　　刷：北京云浩印刷有限责任公司
装　　　订：三河市振勇印装有限公司
787mm×1092mm　1/16　印张 13¼　字数 315 千字　2023 年 3 月北京第 3 版第 11 次印刷

购书咨询：010-64518888　　　　　　　售后服务：010-64518899
网　　　址：http://www.cip.com.cn
凡购买本书，如有缺损质量问题，本社销售中心负责调换。

定　价：45.00 元

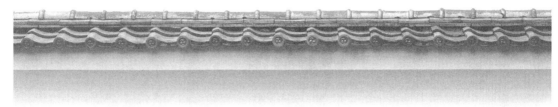

前言

　　《建筑电气施工图识读（第二版）》在第一版的基础上做了一些补充和订正，尤其是在一些识图图例方面以及一些插图方面，自出版以来得到了广大读者的热心支持，这是对编著者巨大的鼓励与鞭策，为了更好地服务于建筑行业广大读者，我们对《建筑电气施工图识读（第二版）》做了进一步的补充和修改，力求在简洁明快通俗易懂的基础上有所提高，形成了《建筑电气施工图识读（第三版）》。第三版增加了一些识读图例，除强电方面外，又在弱电方面做了较大的补充。

　　本书除介绍建筑电气工程图基本知识外还涵盖强电系统（如变配电系统、动力系统、照明系统、防雷接地系统等）和弱电系统（如消防报警系统、电缆电视及广播音响系统、电话系统、网络综合布线系统、安防系统、智能家居系统等），通过本书深入浅出的介绍与分析能够使读者获得建筑电气工程施工图识读方面的知识。本书的编著主要是为了满足建筑电气工程技术人员对建筑电气施工图识读方面的需求，面向建筑电气专业方面的广大读者。相信能够在解读工程图这方面对有关工程技术人员有所帮助。本书还可作为大专院校相关专业师生的参考书。

　　本书分为六章，其中第一章由马学文编著；第二章、第四章、第六章第一节和第四节至第十节由孙成明编著；第三章、第五章、第六章第二节和第三节由张万江编著。全书由孙成明统稿。全书编著过程中刘美菊、付国江、王然冉、李界家、高恩阳、许可、沈滢、韩慧阳等也做了部分工作。

　　由于建筑电气技术的发展日新月异，新知识、新技术层出不穷，且编著者的水平有限，书中不妥之处，诚恳欢迎读者批评指正。

编著者

2016. 2

第一版前言

随着我国综合国力的不断增强，科学技术的不断进步和发展，建筑业的发展也非常迅猛，人们已不再只是满足于低层次的温饱需求，而是要求居住更加舒适、现代化，能够满足人们日常生活的各种需求。这就要求建筑有完善、可靠、现代的电气系统，包括强电系统，如供电可靠的低压配电系统、节能高效的绿色照明系统、有效防护雷电的防雷与接地系统等；弱电系统，如消防报警系统、电缆电视及广播音响系统、电话系统、网络综合布线系统、安防系统等。目前的发展还包括暖通空调系统、水处理系统、自发电（柴油发电、太阳能发电、风能发电）系统、楼宇自动化系统等，现代的电气设施使建筑更加人性化，最大限度地满足了人们的生活需求。

本书的编写主要是为了满足电气工程技术人员对建筑电气施工图识读方面的需求，希望能够在解读工程图这方面对有关工程技术人员有所帮助和参考。本书还可供大专院校相关专业师生参考。

本书分为六章，其中第一章由马学文编著，第二章、第四章、第六章的第一节和第三节至第八节由孙成明编著；第三章、第五章、第六章的第二节由张万江编著。全书由孙成明统稿。

本书在编写过程中得到沈阳建筑大学李亚峰教授的悉心指导和帮助，对全书进行了审核，并提出了指导性意见，在此表示深深的谢意。

由于建筑电气技术的发展日新月异，新知识、新技术层出不穷，加之本书编写时间比较仓促，有些新的内容来不及写入书中，另外由于编者的水平有限，难免会有一些不足之处，诚恳欢迎读者批评指正。

编著者
2008 年 6 月

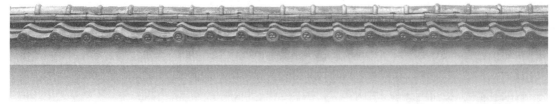

第二版前言

　　《建筑电气施工图识读》出版以来得到了行业内广大读者的关心和支持，部分读者还热心为本书提出了宝贵的建议，总的来说希望本书能够在知识面上更加广泛，在内容上实例更加丰富，语言能更加简明扼要、通俗易懂，插图更丰富具体等。为了能使本书更加完善，能更好适应建筑业新的发展和读者要求，我们在第一版的基础上对全书进行了修订及增补，形成了《建筑电气施工图识读》（第二版）。

　　第二版在内容上做了许多修改和调整，如在第二章中增加了一些插图，以满足一些读者在直观上对建筑电气基本部件的了解。此外在第二章中还增加了居民区变电所供电系统等较为实用的常见电气系统的图例部分，这样可以使内容更加实用和接近实际。为了更好地适应现代家居智能化的发展方向，对在第一版没有涉及的智能家居部分进行了补充，增加了第六章第九节家居智能化系统识读部分，主要包括三表出户系统、智能燃气报警系统、智能安防系统等内容。希望通过增加智能家居部分能够便于读者了解智能住宅的有关内容及其在建筑电气行业中的发展和应用。在第四章中增添了民用住宅照明的建筑电气图的图例及分析识读等内容，这样能够使读者更好地掌握民用建筑照明方面工程图的识读方法。此外其他章节的许多部分都进行了仔细的补充修订等。通过对以上所提到的各方面的修改和调整希望本书能更好地适应广大读者的需求。

　　本书分为六章，其中第一章由马学文编著；第二章、第四章、第六章第一节和第四节至第九节由孙成明编著；第三章、第五章、第六章第二节和第三节由张万江编著。全书由孙成明统稿。

　　本书在编著过程中得到沈阳建筑大学李亚峰教授的悉心指导和帮助，对全书进行了审核，并提出了指导性意见，在此表示深深的谢意。

　　由于建筑电气技术的发展非常迅速，一些新技术、新产品和新设备不断出现，尽管本书编著者做了一定的努力，但可能仍存在一些不足之处，诚恳欢迎读者提出宝贵意见。

编著者

2012.2

目　录

第一节　电气工程施工图纸幅面及其内容表示

一、图幅、图框及标题栏

1. 图幅

图纸幅面代号有五类：A0～A4，幅面的尺寸见表 1-1。其中 B 为宽，L 为长，a 为装订侧边宽，c 为边宽，e 为不留装订边时的边宽。有时，因为特殊需要，可以加长，由基本图幅的短边成整数倍增加幅面，例如图幅代号为 A3×3 的图纸，一边为 A3 幅面的长边 420mm，另一边为 A3 幅面的短边 297mm 的 3 倍，即 297×3＝891mm，如图 1-1 所示。

表 1-1　图纸幅面尺寸　　　　　　　　　　　　　　mm

尺寸代号＼幅面代号	A0	A1	A2	A3	A4
$B×L$	841×1189	594×841	420×594	297×420	210×297
a	25				
c	10			5	
e	20		10		

长边作为水平边使用的图幅称为横式图幅，如图 1-2(a) 所示。短边作为水平边使用的图幅称为立式图幅，如图 1-2（b）所示。A0～A3 可用横式图幅或立式图幅，A4 只能用立式图幅。

2. 图框

图纸幅面由边框线、图框线、标题栏、会签栏等组成，有不留装订边和留有装订边两种。当不留装订边时，图纸的四个周边尺寸相同，边宽为 e，如图 1-2 所示。对 A0、A1 幅面，周边尺寸取 20mm；对 A2、A3、A4 幅面，则取 10mm，见表 1-1。当留装订边

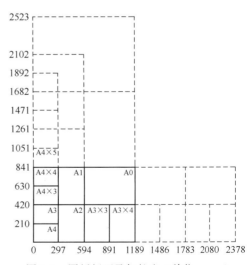

图 1-1　图纸幅面及加长边（单位：mm）

时，装订的一边边宽为 a，其他边宽为 c，如图 1-3 所示。各边尺寸大小按照表 1-1 选取。

加长幅面的图框尺寸，按所选用的基本幅面大一号的图框尺寸确定。

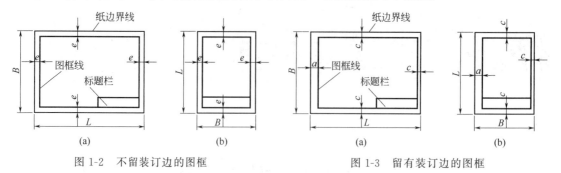

图 1-2　不留装订边的图框　　　图 1-3　留有装订边的图框

不留装订边和留装订边图纸的绘图面积基本相等。图框线的线宽要符合表 1-2 的规定。

表 1-2　图框和标题栏的线宽　　　　　　　　　　　　mm

图幅代号	图框线	标题栏	
		外框线	分格线
A0　A1	1.4	0.7	0.35
A2　A3　A4	1.0	0.7	0.35

3. 标题栏

标题栏的方位一般是在图纸的右下角，如图 1-2 所示。标题栏的长边应为 180mm，短边宜为 40mm、30mm 或 50mm。标题栏中的文字方向为看图方向，即图中的说明、符号均应以标题栏为准。

标题栏的格式，目前尚无统一的规定，但其内容都大致相同，主要包括：设计单位名称、工程名称、专业负责人、设计总负责人、设计人、制图人、审核人、校对人、审定人、复核人、图名、比例、图号、日期等。

标题栏外框线和标题栏分格线的线宽要符合表 1-2 的规定。

二、绘图比例、线型

1. 比例

大部分电气图都是采用图形符号绘制的（如系统图、电路图等），是不按比例的。但位置图即施工平面图、电气构件详图一般是按比例绘制，且多用缩小比例绘制。通常用的缩小比例系数为：1∶10、1∶20、1∶50、1∶100、1∶200、1∶500。最常用比例为 1∶100，即图纸上图线长度为 1，其实际长度为 100。

对于选用的比例应在标题栏比例一栏中注明。标注尺寸时，不论选用放大比例还是缩小比例，都必须是物体的实际尺寸。

2. 线型

图线的宽度一般有 0.25mm、0.35mm、0.5mm、0.7mm、1.0mm、1.4mm 六种。同一张图上，一般只选用两种宽度的图线，并且粗线宜为细线的 2 倍。实线又可分为粗实线和细实线，一般粗实线多用于表示一次线路、母线等；细实线多用于表示二次线路、控制线等。

通常采用的线型见表1-3。

表 1-3　线型及用途

名　称	线　型	用　途
实线	——————	基本线,简图主要内容用线,可见轮廓线,可见导线
虚线	- - - - - -	辅助线,屏蔽线,机械连接线,不可见轮廓线,不可见导线,计划扩展内容用线
点划线	—·—·—	分界线,结构围框线,功能围框线,分组围框线
双点划线	—··—··—	辅助围框线

3. 字体

图面上的字体有汉字、字母和数字等, 书写应做到字体端正、笔画清楚、排列整齐、间距均匀。且应完全符合国家标准 GB/T 14691—1993 的规定, 即: 汉字采用长仿宋体; 字母用直体（正体）, 也可以用斜体（一般向右倾斜, 与水平线成 75°）, 可以用大写, 也可以用小写; 数字可用直体（正体）, 也可以用斜体。字体的号数, 即字体的高度分为 1.8mm、2.5mm、3.5mm、5mm、7mm、10mm、14mm、20mm 八种; 字体宽度约等于字体高度的 2/3, 汉字笔画宽度约为字体高度的 1/5, 而数字和字母的笔画宽度约为字体高度的 1/10。

图面上字体的大小, 应依图幅而定。一般使用的字体最小高度见表1-4。

表 1-4　字体最小高度

图幅代号	A0	A1	A2	A3	A4
字体最小高度/mm	5	3.5	2.5	2.5	2.5

三、标高及方位

1. 标高

在建筑电气和智能建筑工程施工图中, 线路和电气设备的安装高度通常用标高表示。标高有绝对标高和相对标高两种表示法。绝对标高又称为海拔标高, 是以青岛市外黄海平面作为零点而确定的高度尺寸。相对标高是选定某一参考面或参考点作为零点而确定的高度尺寸。建筑电气和智能建筑工程施工平面图均采用相对标高。它一般采用室外某一平面或某层楼平面作为零点而计算高度。这一标高称为安装标高或敷设标高。安装标高的符号及标高尺寸标注如图 1-4 所示。图 1-4(a) 用于室内平面、剖面图上, 表示高出某一基准面 3.000m; 图 1-4(b) 用于总平面图上的室外地面, 表示高出室外某一基准面 4.000m。

图 1-4　安装标高表示方法

图 1-5　方位标记

2. 方位

电力、照明和电信平面布置图等类图纸一般是按上北下南、左西右东表示电气设备或建筑物、构筑物的位置和朝向，但在许多情况下，都是用方位标记表示其方向。方位标记如图1-5所示，其箭头方向表示正北方向（N）。

四、定位轴线

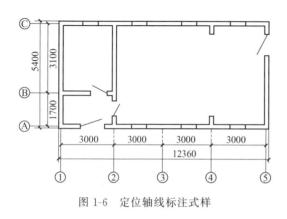

图1-6　定位轴线标注式样

建筑电气与智能建筑工程线路和设备平面布置图通常是在建筑平面图上完成的。在这类图上一般标有建筑物定位轴线。凡承重墙、柱、梁等主要承重构件的位置所画的轴线，称为定位轴线。定位轴线编号的基本原则是：在水平方向，从左到右用顺序的阿拉伯数字；在垂直方向采用英文字母（U、O、Z除外），由下向上编号；数字和字母分别用点划线引出。轴线标注式样如图1-6所示。通过定位轴线能够比较准确地表示电气设备的安装位置，看图时方便查找。

五、详图

详图可画在同一张图上，也可画在另外的图上，这就需要用一标志将它们联系起来。标注在总图位置上的标记称详图索引标志，标注在详图位置上的标记称详图标志。图1-7（a）是详图索引标志，其中"$\dfrac{2}{—}$"表示2号详图在总图上；"$\dfrac{2}{3}$"表示2号详图在3号图上。

图1-7（b）是详图标志，其中"5"表示5号详图，被索引的详图就在本张图上；"$\dfrac{5}{2}$"表示5号详图，被索引的详图在2号图上。

图1-7　详图标注方法

第二节　建筑电气工程施工图的组成和内容

建筑电气是以电能、电气设备和电气技术为手段，创造、维持与改善建筑环境实现某些功能的一门学科，它是随着建筑技术由初级向高级阶段发展的产物。20世纪80年代以后，建筑电气再不仅仅是照明、动力、变配电等内容，而已开始形成以近代物理学、电磁学、电场、电子、机械电子等理论为基础，应用于建筑领域内的一门新兴学科，并在此基础上又发展与应用了信息论、系统论、控制论以及电子计算机技术，向着综合的方向发展。同时，人们根据建筑电气工程的功能和技术的应用，习惯地提出了强电工程和弱电工程。进入21世纪，2001年国家标准《建筑工程施工质量验收统一标准》（GB 50300—2001）颁布实施，正式将建筑电气的强电工程和弱电工程分别定为建筑电气工程和智能建筑工程,成为两个相互独立的分部工程。

一、建筑电气工程

建筑电气工程是为实现一个或几个具体目的且特性相配合的,由电气装置、布线系统和用电设备电气部分组成的组合。这种组合能满足建筑物预期的使用功能和安全要求,也能满足使用建筑物的人的安全需要。按照《建筑工程施工质量验收统一标准》(GB 50300—2001)的规定,建筑电气工程包括7个子分部工程,见表1-5。

表 1-5　建筑电气工程分部分项工程划分

分部工程	子分部工程	分 项 工 程
建筑电气	室外电气	架空线路及杆上电气设备安装,变压器、箱式变电所安装,成套配电柜、控制柜(屏、台)和动力、照明配电箱(盘)及控制柜安装,电线、电缆导管和线槽敷设,电线、电缆穿管和线槽敷线,电缆头制作、导线连接和线路电气试验,建筑物外部装饰灯具、航空障碍标志灯和庭院路灯安装,建筑照明通电试运行,接地装置安装
	变配电室	变压器、箱式变电所安装,成套配电柜、控制柜(屏、台)和动力、照明配电箱(盘)安装,裸母线、封闭母线、插接式母线安装,电缆沟内和电缆竖井内电缆敷设,电缆头制作、导线连接和线路电气试验,接地装置安装,避雷引下线和变配电室接地干线敷设
	供电干线	裸母线、封闭母线、插接式母线安装,桥架安装和桥架内电缆敷设,电缆沟内和电缆竖井内电缆敷设,电线、电缆导管和线槽敷设,电线、电缆穿管和线槽敷线,电缆头制作、导线连接和线路电气试验
	电气动力	成套配电柜、控制柜(屏、台)和动力、照明配电箱(盘)及安装,低压电动机、电加热器及电动执行机构检查、接线,低压电气动力设备检测、试验和空载试运行,桥架安装和桥架内电缆敷设,电线、电缆导管和线槽敷设,电线、电缆穿管和线槽敷线,电缆头制作、导线连接和线路电气试验,插座、开关、风扇安装
	电气照明安装	成套配电柜、控制柜(屏、台)和动力、照明配电箱(盘)安装,电线、电缆导管和线槽敷设,电线、电缆穿管和线槽敷线,槽板配线,钢索配线,电缆头制作、导线连接和线路电气试验,普通灯具安装,专用灯具安装,插座、开关、风扇安装,建筑照明通电试运行
	备用和不间断电源安装	成套配电柜、控制柜(屏、台)和动力、照明配电箱(盘)安装,柴油发电机组安装,不间断电源的其他功能单元安装,裸母线、封闭母线、插接式母线安装,电线、电缆导管和线槽敷设,电线、电缆穿管和线槽敷线,电缆头制作、导线连接和线路电气试验,接地装置安装
	防雷及接地安装	接地装置安装,避雷引下线和变配电室接地干线敷设,建筑物等电位连接,接闪器安装

二、建筑电气工程施工图

1. 建筑电气工程施工图的组成

建筑电气工程施工图主要用来表达建筑中电气工程的构成、布置和功能,描述电气装置的工作原理,提供安装技术数据和使用维护依据。

建筑电气工程施工图的种类很多,主要包括照明工程施工图、变电所工程施工图、动力系统施工图、电气设备控制电路图、防雷与接地工程施工图等。

2. 建筑电气工程施工图的主要内容

成套的建筑电气工程施工图的内容随工程大小及复杂程度的不同有所差异,其主要内容一般应包括以下几个部分。

(1)封面　上面主要有工程项目名称、分部工程名称、设计单位等内容。

(2)图纸目录　是图纸内容的索引,主要有序号、图纸名称、图号、张数、张次等。便于有目的、有针对性地查找、阅读图纸。

（3）设计说明 主要阐述设计者应该集中说明的问题。诸如：设计依据、建筑工程特点、等级、设计参数、安装要求和方法、图中所用非标准图形符号及文字符号等。帮助读图者了解设计者的设计意图和对整个工程施工的要求，提高读图效率。

（4）主要设备材料表 以表格的形式给出该工程设计所使用的设备及主要材料。主要包括序号、设备材料名称、规格型号、单位、数量等主要内容，为编写工程概预算及设备、材料的订货提供依据。

（5）系统图 用图形符号概略表示系统或分系统的基本组成、相互关系及其主要特征的一种简图。系统图上标有整个建筑物内的配电系统和容量分配情况、配电装置、导线型号、截面、敷设方式及管径等。

（6）平面图 是在建筑平面图的基础上，用图形符号和文字符号绘出电气设备、装置、灯具、配电线路、通信线路等的安装位置、敷设方法和部位的图纸，属于位置简图，是安装施工和编制工程预算的主要依据。一般包括动力平面图、照明平面图、综合布线系统平面图、火灾自动报警系统施工平面图等。因这类图纸是用图形符号绘制的，所以不能反映设备的外形大小和安装方法，施工时必须根据设计要求选择与其相对应的标准图集进行。

建筑电气工程中变配电室平面图与其他平面图不同，它是严格依设备外形，按照一定比例和投影关系绘制出的，用来表示设备安装位置的图纸。为了表示出设备的空间位置，这类平面图必须配有按三视图原理绘制出的立面图或剖面图。这类图我们一般称为位置图，而不能称为位置简图。

（7）电路图 用图形符号并按工作顺序排列，详细表示电路、设备或成套装置的全部基本组成和连接关系，而不考虑其实际位置的一种简图。这种图又习惯称为电气原理图或原理接线图，便于详细理解其作用原理，分析和计算电路特性，是建筑电气工程中不可缺少的图种之一，主要用于设备的安装接线和调试。电路图大多是采用功能布局法绘制的，能够看清整个系统的动作顺序，便于电气设备安装施工过程中的校线和调试。

（8）安装接线图 表示成套装置、设备或装置的连接关系，用以进行接线和检查的一种简图。这种图不能反映各元件间的功能关系及动作顺序，但在进行系统校线时配合电路图能很快查出元件接点位置及错误。

（9）详图 详图（大样图、国家标准图）是用来表示电气工程中某一设备、装置等的具体安装方法的图纸。在我国各设计院一般都不设计详图，而只给出参照××标准图集××图实施的要求即可。如某建筑物的供配电系统设计说明中提出"竖井内设备安装详 90D701-1"，"防雷、接地系统安装详 99D501-1、03D501-3"。"90D701-1"、"99D501-1"、"03D501-3"分别是《电气竖井设备安装》、《建筑物防雷设施安装》、《利用建筑物金属体做防雷及接地装置安装》国家标准图集的编号。

第三节　建筑电气工程施工图识读的一般程序

一、建筑电气工程施工图的特点

阅读建筑电气工程施工图必须熟悉电气图基本知识和电气工程施工图的特点，同时掌握一定的阅读方法，才能比较迅速全面地读懂图纸，以完全实现读图的意图和目的。了解建筑电气工程施工图的主要特点，可以帮助我们提高识图效率，改善识图效果，尽快完成识图目的。

建筑电气工程施工图的特点有如下几点。

① 建筑电气工程施工图是采用标准的图形符号及文字符号绘制出来的，属简图之列。所以，要阅读建筑电气工程施工图，首先就必须认识和熟悉这些图形符号所代表的内容和含义，以及它们之间的相互关系。

② 电路是电流、信号的传输通道，任何电路都必须构成其闭合回路。只有构成闭合回路，电流才能流通，电气设备才能正常工作，这是我们判断电路图正误的首要条件。一个电路的组成包括四个基本要素：电源、用电设备、导线、控制设备。

当然要真正读懂图纸，还必须了解设备的基本结构、工作原理、工作程序、主要性能和用途等。

③ 电路中的电气设备、元件等，彼此之间都是通过导线将其连接起来构成一个整体的。导线可长可短，能够比较方便地跨越较远的空间距离，所以电气工程图有时就不像机械工程图或建筑工程图那样比较集中，比较直观。有时电气设备安装位置在 A 处，而控制设备的信号装置、操作开关则可能在很远的 B 处，而两者又不在同一张图纸上。了解这一特点，就可将各有关的图纸联系起来，对照阅读，能很快实现读图目的。一般而言，应通过系统图、电路图找联系；通过布置图、接线图找位置；交错阅读，这样读图效率可以提高。

④ 建筑电气工程涉及专业技术较多，要读懂施工图不能只要求认识图形符号，而且要求具备一定的相关技术的基础知识。

⑤ 建筑电气工程施工平面图都是在建筑平面图的基础上绘制的，这就要求看图者应具有一定的建筑图阅读能力。建筑电气与智能建筑工程的施工是与建筑主体工程及其他安装工程（给排水、通风空调、设备安装等工程）施工相互配合进行的，所以，建筑电气工程施工图不能与建筑结构图及其他安装工程施工图发生冲突。例如，各种线路（线管、线槽等）的走向与建筑结构的梁、柱、门窗、楼板的位置、走向有关，还与各种管道的规格、用途、走向有关；安装方法与墙体结构、楼板材料有关；特别是一些暗敷线路、电气设备基础及各种电气预埋件更与土建工程密切相关。因此，阅读建筑电气工程施工图时应对应阅读与之有关的土建工程图、管道工程图，以了解相互之间的配合关系。

⑥ 建筑电气工程施工图对于所属设备的安装方法、技术要求等，往往不能完全反映出来。而且也没有必要一一标注清楚，因为这些技术要求在相应的标准图集和规范、规程中有明确规定。因此，设计人员为保持图面清晰，都采用在设计说明中给出"参照××规范"或"参照××标准图集"的方法。所以，我们在阅读图纸时，有关安装方法、技术要求等问题，要注意阅读有关标准图集和有关规范并参照执行，完全可以满足估算造价和安装施工的要求。

二、阅读建筑电气工程施工图的一般程序

阅读建筑电气工程施工图的方法没有统一规定。但当我们拿到一套施工图时，面对一大摞图纸，一般多按以下顺序阅读（浏览），而后再重点阅读。

（1）看标题栏及图纸目录　了解工程名称、项目内容、设计日期及图纸数量和内容等。每一张图纸都有标题栏，虽然标题栏的内容很简单，但很重要。必须引起读图者的重视。因为你首先要根据标题栏来确定这张图是否是你所需要阅读的图纸。有时遇到设计变更，改过

的新图纸标题栏内容比原设计图纸标题栏内容只多出一个"改"字和设计时间的不同，如不注意，就会出错。

(2) 看总说明　了解工程总体概况及设计依据，了解图纸中未能表达清楚的各有关事项。如供电电源的来源、电压等级、线路敷设方法、设备安装高度及安装方式、补充使用的非国标图形符号、施工时应注意的事项等。有些分项局部问题是分项工程的图纸上说明的，看分项工程图纸时，也要先看设计说明。

(3) 看系统图　各子分部、分项工程的图纸中都包含有系统图。如变配电工程的配电系统图、电力工程的电力系统图、照明工程的照明系统图以及火灾自动报警系统图、建筑设备监控系统图、综合布线系统图、有线电视系统图等。看系统图的目的是了解系统的基本组成，主要电气设备、元件等连接关系及它们的规格、型号、参数等，掌握该系统的组成概况。

(4) 看平面图　平面图是工程施工的主要依据，也是用来编制工程预算和施工方案的主要依据。往往是需要反复阅读的。如变配电所电气设备安装平面图（还应有剖面图），电力平面图，照明平面图，防雷、接地平面图，火灾自动报警系统平面图，综合布线系统平面图，防盗报警系统平面图等。这些平面图都是用来表示设备安装位置、线路敷设部位、敷设方法及所用导线型号、规格、数量、管径大小的。在通过阅读系统图，了解了系统组成概况之后，就可依据平面图编制工程预算和施工方案，具体组织施工了，所以对平面图必须熟读。阅读建筑电气工程施工平面图的一般顺序是：进线——总配电箱——干线——支干线——分配电箱——用电设备。

(5) 看电路图　了解系统中用电设备的电气自动控制原理，用来指导设备的电气装置安装和控制系统的调试工作。因电路图多是采用功能布局法绘制的，看图时应依据功能关系从上至下或从左至右一个回路一个回路地阅读。熟悉电路中各电器的性能和特点，对读懂图纸将是一个极大的帮助，因此学习电器学很有必要。

(6) 看安装接线图　了解设备或电器的布置与接线，与电路图对应阅读，进行控制系统的配线和调校工作。

(7) 看安装大样图　安装大样图是用来详细表示设备安装方法的图纸，是依据施工平面图，进行安装施工和编制工程材料计划时的重要参考图纸。特别是对于初学安装的人更显重要，甚至可以说是不可缺少的。安装大样图多采用全国通用电气装置标准图集，其选用的依据是设计说明或施工平面图内容。

(8) 看设备材料表　设备材料表提供了该工程所使用的设备、材料的型号、规格和数量，是编制购置设备、材料计划的重要依据之一。还可以根据设备材料表提供的规格、型号，查阅设备手册，从而了解该设备的性能特点及安装尺寸，配合施工做好预留、预埋工作。

第四节　建筑电气工程施工图中常用图例、符号

一、建筑电气工程施工图的图示特点

电气施工图的图示特点是采用正投影法绘制。在画图时要选取合适的比例，细部构造配以较大比例详图并加以文字说明，由于电气构配件和材料种类繁多，常采用国标中的有关规

定和图例来表示。电气施工图和其他图样一样，要遵守统一性、正确性和完整性的原则。统一性，是指各类工程图样的符号、文字和名称要前后一致；正确性，是指图样的绘制要正确无误，符合国家标准，并能正确指导施工；完整性，是指各类技术元件齐全。

　　一套完整的电气施工图主要包括：目录，电气设计说明，电气系统图，电气平面图，设备控制图，设备安装大样图（详图），安装接线图，设备材料表等。对不同的建筑电气工程项目，在表达清楚的前提下，根据具体情况，可作适当的取舍。

二、导体和连接件平面布置图形符号

　　电气施工图必须根据建筑设施的电气简图进行设计。通常需要使用国家标准规定的有关电气简图用图形符号。下面将建筑制图中最常用的 GB/T 4728.3—2005，GB/T 4728.4—2005，GB/T 4728.6—2000，GB/T 4728.7—2000，GB/T 4728.8—2000，GB/T 4728.11—2000 标准中的图形符号选编如下。

　　（1）导体　包括连接线、端子和支路，符号见表1-6和表1-7。
　　（2）连接件　连接件类包括连接件和电缆装配附件，符号见表1-8和表1-9。

表 1-6　连接线

名　称	图形符号	说　明
连线、连接连线组		示例：导线、电缆、电线、传输通路
	///　3	如果单线表示一组导线时，导线的数量可画相应数量的短斜线或一条短斜线后加导线的数字表示 连线符号的长度取决于简图的布局 示例：表示三根导线
	----- 110　$2 \times 120 mm^2 Al$	可标注附加信息，如：电流种类、配电系统、频率、电压、导线数、每根导线的截面积、导线材料的化学符号。导线数后面标其截面积，并用"×"号隔开；若截面面积不同，应用"+"号分别将其隔开 示例：表示直流电路，110V，两根 120mm² 铝导线
	$3/N \sim 400/230V 50Hz$　$3 \times 120mm^2 + 1 \times 50mm^2$	示例：三相电路，400/230V，50Hz，三根 120mm² 的铝导线，一根 50mm² 的中性线
柔性连接		
屏蔽导线		若几根导体包在同一个屏蔽、电缆或绞合在一起，但这些导体符号和其他导体符号互相混杂，可用本表电缆中的导线的画法。屏蔽、电缆或绞合线符号可画在导体混合组符号的上边、下边或旁边，应用连在一起的指引线指到各个导体上表示它们在同一屏蔽、电缆或绞合线组内
绞合导线		表示出两根
电缆中的导线		表示出三根
		示例：五根导线，其中箭头所指的两根在同一电缆内

续表

名　称	图形符号	说　明
同轴对	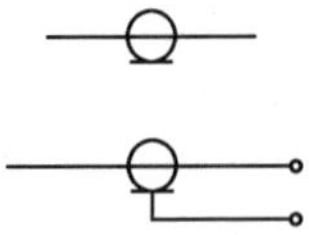	若同轴结构不再保持,则切线只画在同轴的一边 示例:同轴对连到端子
屏蔽同轴对	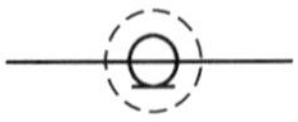	

表 1-7　连接、端子和支路

名　称	图形符号	说　明
连接,连接点	•	
端子 端子板	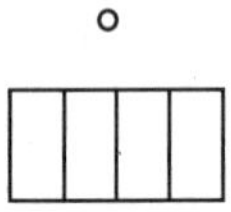	端子板,可加端子标志
T形连接	形式1 	
	形式2 	在形式1符号中增加连接符号
	形式3 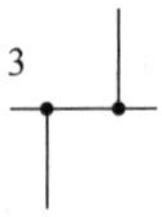	导体的双重连接
支路	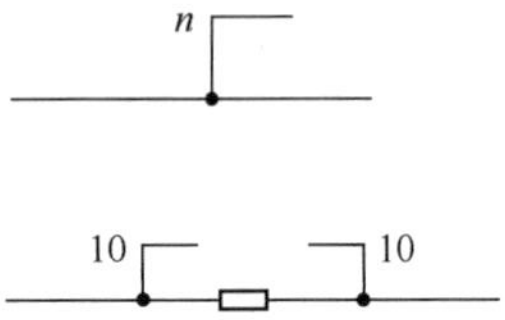 n 10　　10	一组相同并重复并联的电路的公共连接应以支路总数取代"n"。该数字置于连接符号旁 示例:表示10个并联且等值的电阻
中性点	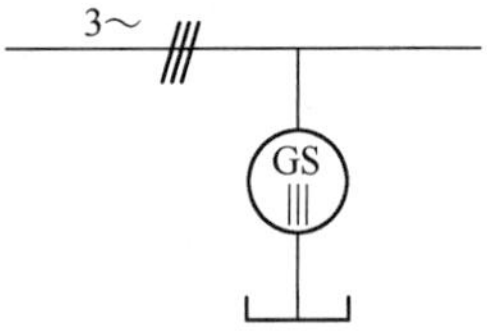 3～ GS	在该点多重导体连接在一起形成多项系统的中性点 示例:三相同步发电机的单线表示法 绕组每相两端引出,示出外部中性点的三相同步发电机

表 1-8　连接件

名　称	图形符号	说　明
阴接触件(连接器的),插座		用单线表示法表示的多接触件连接器的阴端
阳接触件(连接器的),插头		用单线表示法表示的多接触件连接器的阳端
插头和插座		连接

续表

名　　称	图形符号	说　　明
插头和插座，多极	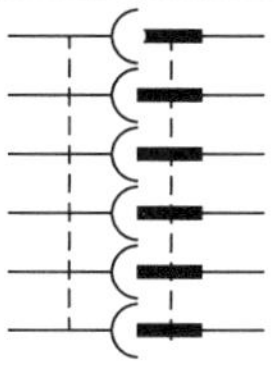	用多线表示六个阴接触件和六个阳接触件的符号
	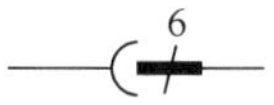 6	用单线表示六个阴接触件和六个阳接触件的符号
配套连接器(组件的固定部分和可动部分)	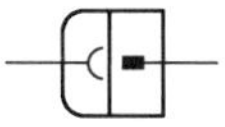	表示插头端固定和插座端可动
电话型插塞和插孔		本符号示出了两个极 插塞符号的长极表示插塞尖，短极为插塞
触头断开的电话型插塞和插孔		本符号示出了三个极 使用要求同上
同轴的插头和插座		若同轴的插头和插座接于同轴对时，切线应朝相应的方向延长

表 1-9　电缆装配附件

名　称	图形符号	说明	名　称	图形符号	说明
电缆密封终端	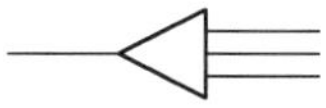	表示带有一根三芯电缆	电缆接线盒	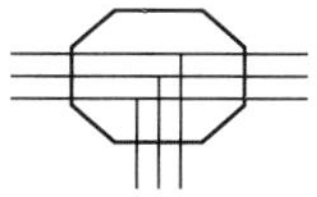	表示带 T 形连接的三根导线 多线表示
	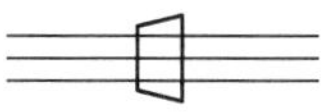	表示带有一根单芯电缆		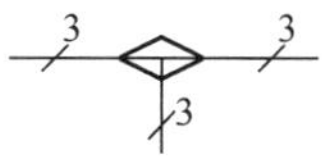 3　　3 3	单线表示
直通接线盒	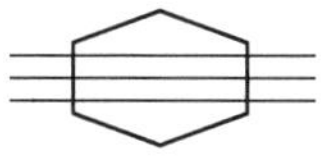	表示带有三根导线 多线表示	电缆气闭套管	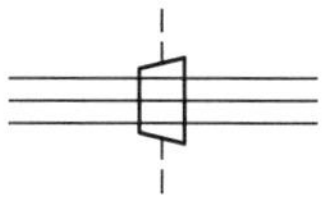	表示带有三根电缆 高气压侧是梯形的长边，因此保持套管气闭
	 3　　3	单线表示			

三、开关、开关器件和启动器平面布置图形符号

这里仅介绍开关、开关器件和启动器中的单极开关、位置开关、热敏开关、电力开关器件、电动机启动器的方框符号、测量继电器和保护器件、熔断器和熔断器式开关、火花间隙和避雷器，其图形符号分别见表 1-10～表 1-13。

表 1-10　单极开关

名　　称	图形符号	名　　称	图形符号
手动操作开关的一般符号		具有正向操作的动合触点的按钮开关，例如，报警开关	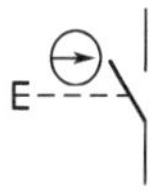 E---

续表

名　称	图形符号	名　称	图形符号
具有正向操作的动断触点且有保持功能的紧急停车开关	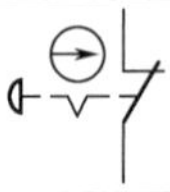	具有动合触点但无自动复位的旋转开关	
具有动合触点且自动复位的拉拔开关		具有动合触点且自动复位的按钮开关	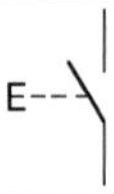

表 1-11　位置开关

名　称	图形符号	名　称	图形符号
位置开关,动合触点		位置开关,对两个独立电路作双向机械操作	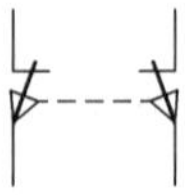
位置开关,动断触点		动断触点能正向断开操作的位置开关	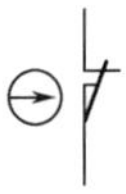

表 1-12　热敏开关

名　称	图形符号	名　称	图形符号
热敏开关,动合触点(注:θ可用动作温度代替)		热敏自动开关(例如双金属片)的动断触点	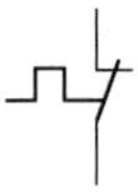
热敏开关,动断触点(注:θ可用动作温度代替)		具有热元件的气体放电管荧光灯启动器	

表 1-13　电力开关器件

名　称	图形符号	名　称	图形符号
接触器,接触器的主动合触点(在非动作位置触点断开)		具有中间断开位置的双向开关	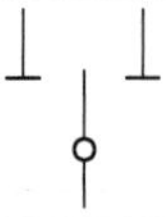
接触器的主动断触点(在非动作位置触点闭合)		具有由内装的测量继电器或脱扣器触发的自动释放功能的接触器	
断路器		负荷开关(负荷隔离开关)	
隔离开关		具有由内装的测量继电器或脱扣器触发的自动释放功能的负荷开关	
手工操作带有闭锁器件的隔离开关		自由脱扣机构。从断开或闭合的操作机构到相关联的主触点和辅助触点,＊操作机构有一个主要的断开功能,两种可供选择的位置示于右图	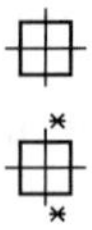

四、建筑安装平面布置图图形符号

建筑安装平面布置图图形符号包括：发电站和变电所平面布置图图形符号，网络平面布置图图形符号，音响和电视分配系统，建筑用电气设备，干线系统。

(1) 发电站和变电所平面布置图图形符号　包括一般符号和各种发电站和变电所图形符号，见表 1-14 和表 1-15。

表 1-14　一般符号

名　称	图　形　符　号	
	规划(设计)的	运行的或未加规定的
发电站	 □	 ▨
热电站	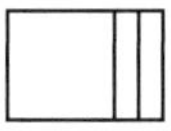	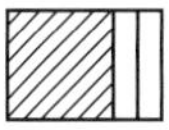
变电所、配电所	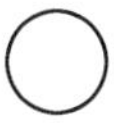 ○	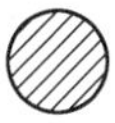 ◑

注：1. 长方形（矩形）可以代替方形。

2. 在小比例的地图上，可用完全填满的面积代替画阴影线的面积。

表 1-15　各种发电站和变电所

名　称	图　形　符　号		名　称	图　形　符　号	
	规划(设计)的	运行的或未加规定的		规划(设计)的	运行的或未加规定的
水力发电站			太阳能发电站		
火力发电站	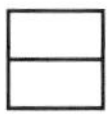		风力发电站		
核能发电站			等离子体发电站 MHD(磁流体发电)		
地热发电站			变流所(示出由直流变交流)	 ○ =/～	 ◑ =/～

(2) 网络平面布置图图形符号　包括线路的示例和其他符号，见表 1-16 和表 1-17。

表 1-16　线路的示例

名　称	图　形　符　号	名　称	图　形　符　号
地下线路		管道线路 附加信息可标注在管道线路的上方，如管孔的数量	 ○
水下(海底)线路			
架空线路	 ─○─	6 孔管道的线路	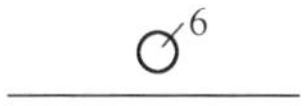 ○⁶
过孔线路	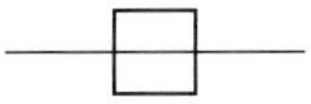	有埋入地下连接点的线路	

续表

名　　称	图形符号	名　　称	图形符号
具有充气或注油堵头的线路	—|—	电信线路上交流供电	 —→— ～
具有充气或注油截止阀的线路	 —▷◁—	电信线路上直流供电	—→— ⹀
具有旁路的充气或注油堵头的线路	 —↓—		

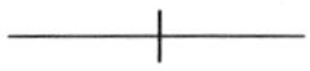

表 1-17　其他符号

名　　称	图形符号	说　明	名　　称	图形符号	说　明
地上的防风雨罩	 ⌐¬	一般符号,罩内的装置可用限定符号或代号表示	防电缆蠕动装置	↦	该符号应标在入口"蠕动"侧
	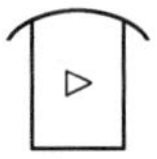 ⌐▷¬	示例:放大点在防风雨罩内		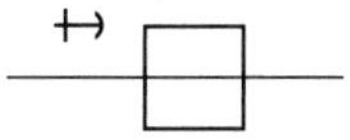 ↦□	示例:示出防蠕动装置的入孔,该符号表示向左边的蠕动被制止
交接点	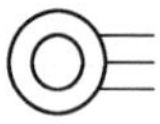 ◎	输入和输出可根据需要画出	保护阳极	▽	阳极材料的类型可用其化学字母来加注
线路集中器	⊕	自动线路集中器示出信号从左至右传输。左边较多线路集中为右边较少线路		▽ Mg	示例:镁保护阳极
	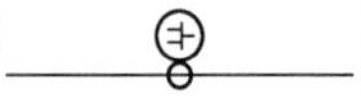 ⊕	电线杆上的线路集中器			

（3）音响和电视分配系统　主要包括前端、放大器、分配器和方向耦合器、分支器和系统出线端、均衡器和衰减器及线路电源器件，见表 1-18～表 1-23。

表 1-18　前端符号

名　　称	图形符号	说　　明
有本地天线引入的前端	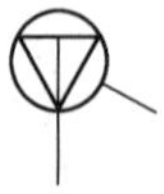 ▽⊗	示出一个馈线支路馈线支路可从圆的任何适宜的点上画出
无本地天线引入的前端	 ▽⊗	示出一个输入和一个输出通路

表 1-19　放大器

名　称	图形符号	说　明	名　称	图形符号	说　明
桥式放大器		表示具有三个支路或激励输出 1. 圆点表示较高电平的输出 2. 支路或激励输出可从符号斜边任何方便角度引出	（支路或激励馈线）末端放大器	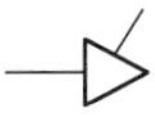	表示一个激励馈线输出
主干式桥式放大器	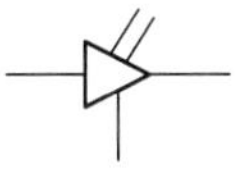	表示三个馈线支路	具有反馈通道的放大器	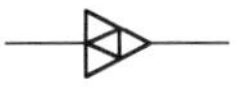	

表 1-20　分配器和方向耦合器

名　称	图　形　符　号	说　明
两路分配器	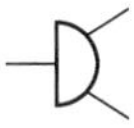	
三路分配器		符号示出具有一路较高电平输出
方向耦合器		

表 1-21　分支器和系统出线端

名　称	图　形　符　号	说　明
环路系统出线端	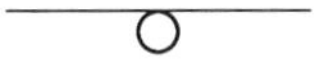	串联出线端

表 1-22　均衡器和衰减器

名　称	图　形　符　号	名　称	图　形　符　号
均衡器		可变均衡器	
		衰减器（平面图符号）	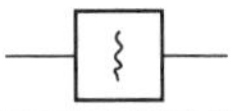

表 1-23　线路电源器件

名　称	图　形　符　号	名　称	图　形　符　号
线路电源器件，示出交流型	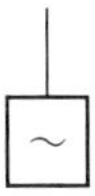	线路电源接入点	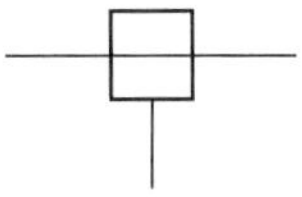
供电阻塞，在配电馈线中表示			

（4）建筑用电气设备　主要包括专用导线、配线、插座、开关、照明引出线和附件及其他，其常用电气图形符号见表 1-24～表 1-29。

表 1-24 专用导线

名　　称	图形符号	名　　称	图形符号
中性线		保护线和中性线共用线	
保护线	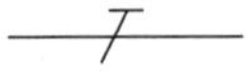	示例:具有保护线和中性线的三相配线	

表 1-25 配线

名　　称	图形符号	名　　称	图形符号
向上配线,箭头指向图纸的上方		连接盒,接线盒	
向下配线,箭头指向图纸的下方		用户端,供电输入设备,示出带配线	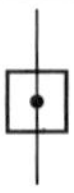
垂直通过配线		配电中心,示出五路馈线	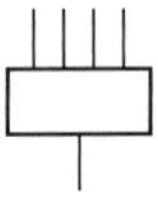
盒的一般符号			

表 1-26 插座

名　　称	图形符号	名　　称	图形符号
(电源)插座的一般符号		带单极开关的(电源)插座	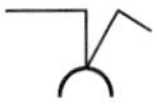
	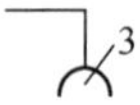	带联锁开关的(电源)插座	
(电源)多个插座 示出三个		具有隔离变压器的插座 示例:电动剃刀用插座	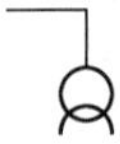
带保护接点(电源)插座	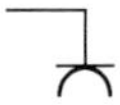	电信插座一般符号 可以用以下的文字或符号区别不同插座: TP-电话 FX-传真 M-传声器 ◁ -扬声器 FM-调频 TV-电视 TX-电传	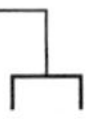
带保护板的(电源)插座	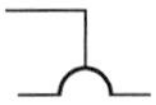		

表 1-27 开关

名　　称	图形符号	名　　称	图形符号
带指示灯的开关		多拉单极开关	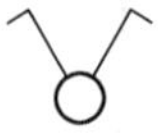
单极限时开关		带有指示灯的按钮	
限时设备,定时器	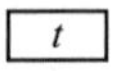 t	定时开关	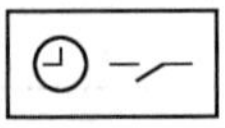
按钮			
防止无意操作的按钮(例如借助打碎玻璃罩)		钥匙开关,看守系统装置	

表1-28 照明引出线和附件

名 称	图形符号	名 称	图形符号
照明引出线位置,示出配线		气体放电灯的辅助设备(仅用于辅助设备与光源不在一起时)	
在墙上的照明引出线,示出来自左边的配线		灯的一般符号	⊗
在专用电路上的事故照明灯		荧光发光体 一般符号	
		荧光发光体 示例:三管荧光灯	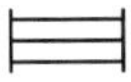
自带电源的事故照明灯	⊠	荧光发光体 示例:五管荧光灯	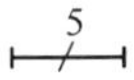

表1-29 其他

名 称	图形符号	名 称	图形符号
热水器,示出引线	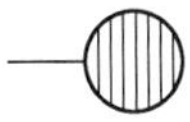	电锁	
风扇,示出引线	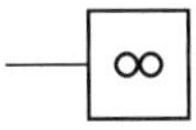 ∞	对讲电话机,如入户电话	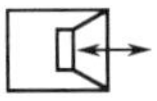
时钟,时间记录器			

（5）干线系统　图形符号见表1-30。

表1-30 干线系统

名 称	图形符号	名 称	图形符号
直通段的一般符号		十字形(四路连接)	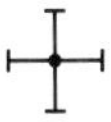
组合的直通段(示出由两节装配的段)		不相连接的两个系统的交叉如在不同平面中的两个系统	
末端盖	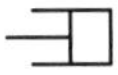	彼此独立的两个系统的交叉	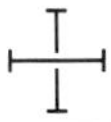
弯头		在长度上可调整的直通段	
T形(三路连接)	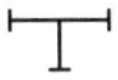	末端馈线单元示出从左边供电	
内部固定的直通段	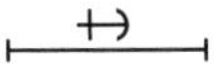	中心馈线单元示出从顶端供电	
外壳膨胀单元,此单元可适应外壳或支架的膨胀		带有设备盒(箱)的末端馈线单元,示出从左边供电,星号应以所用设备符号代替或省略	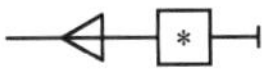
导线膨胀单元,此单元可适应外壳或支架和导线的机械运动和膨胀		带有设备盒(箱)的中心馈线单元,示出从顶端供电,星号应以所用设备符号代替或省略	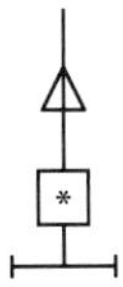
带外套和导线的扩展单元(此单元供外套或支架和导线的机械运动和膨胀)			

续表

名　称	图形符号	名　称	图形符号
柔性单元		带有固定分支的直通段,示出分支向下	
衰减单元		带有几路分支的直通段,示出四路分支器,上下各两路	
有内部气压密封层的直通段		带有连续移动分支的直通段	
相位转换单元		具有可调整步长的分支直通段,示出1m步长	
设备盒(箱),星号应以所用设备符号代替或省略			
具有内部防火层的直通段		具有可移动触点分支的直通段	
带有设备箱的固定式分支的直通段,星号应以所用的设备符号代替或省略		由两个配线系统(A、B)组成的直通段	
带有设备箱的可调整分支的直通段,星号应以所用设备符号代替或省略		由三个独立分区组成的直通段,示出一个布线系统 A 区、一个布线系统 B 区和一个现场安装的电缆 C 区	
固定分支带有保护触点的插座的直通段			

第二章 变配电工程基本知识及施工图的识读

第一节 变配电工程基本知识

变配电工程主要是指电力系统的各种输变电以及电力分配系统工程，包括电力系统中的各种控制设备、各种升降压变压器、各种传输线路、各种保护、检测设施等。变配电工程是建筑电气施工图识别的重要内容。

一、电力系统主要涉及内容概述

电力系统所消耗的电力是由发电厂供给的。发电厂有各种形式如水力、火力、风力、核能等，所发出的电为低压电，为了减少传输的电力损耗，需要高压输电即利用升压变压器将电压升高，一般为 $35 \sim 500kV$，经过传输电缆至用户端再进行降压，一般为 $6 \sim 10kV$，再降为 $220/380V$ 低压电。变配电工程结构见图 2-1。

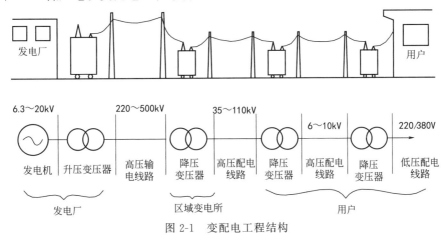

图 2-1　变配电工程结构

二、电力负荷的分级

电力负荷根据不同的可靠性要求以及在中断供电在政治、经济上造成的损失或影响程度划分为 3 级。

（1）一级负荷　为中断供电将造成人身伤亡者；中断供电将在政治上、经济上造成重大损失者，如重大设备损坏、重大产品报废、用重要原料生产的产品大量报废，国民经济中重点企业的连续生产过程被打乱而需要长时间恢复等；中断供电将影响有重大政治、经济影响的用电单位的正常工作的负荷。在一级负荷中，当中断供电将发生中毒、爆炸和火灾等情况的负荷，以及特别重要场所的不允许中断供电的负荷，称为特别重要的负荷。

一级负荷应由两个独立的电源供电。所谓独立电源，就是当一个电源发生故障时，另一个电源应不致同时受到损坏。在一级负荷中的特别重要负荷的供电，严禁将其他负荷接入应急供电系统。应急电源一般有：独立于正常电源的发电机组、干电池、蓄电池、供电网络中有效地独立于正常电源的专门馈电线路。

（2）二级负荷　是中断供电将在政治、经济上造成较大损失时，例如：主要设备损坏、大量产品报废、连续生产过程被打乱需要较长时间才能恢复、重点企业大量减产等；中断供电将影响重要用电单位的正常工作。例如：交通枢纽、通信枢纽等用电单位中的重要电力负荷，以及中断供电将造成大型影剧院、大型商场等较多人员集中的重要的公共场所秩序混乱。

（3）三级负荷　不属于一级负荷和二级负荷者应为三级负荷。对于一般的民用建筑，以及一些非连续生产的中小型企业，停电仅影响产量或造成少量的产品报废的用电设备均属三级负荷。三级负荷对供电没有特殊要求，一般由单回电力线路供电。

三、电力系统的电压

电力系统是要求在额定电压下工作的。电力设备的额定电压是保证其正常工作的必要条件，如果不能保证电压的正常值，偏离所要求的范围轻则设备的工作性能和使用寿命受影响，重则使设备损毁。电力系统的额定电压的国家标准见表2-1。

表 2-1　我国标准规定的三相交流电网和电力设备的额定电压　　　　　　　　kV

分类	电网和用电设备额定电压	发电机额定电压	电力变压器额定电压	
			一次绕组	二次绕组
低压	0.22	0.23	0.22	0.23
	0.38	0.40	0.38	0.40
	0.66	0.69	0.66	0.69
高压	3	3.15	3，3.15	3.15，3.3
	6	6.3	6，6.3	6.3，6.6
	10	10.5	10，10.5	10.5，11
	—	13.8，15.7，18，20，22，24，26	13.8，15.75，18，20，22，24，26	—
	35	—	35	38.5
	66	—	66	72.6
	110	—	110	121
	220	—	220	242
	330	—	330	363
	500	—	500	550

1. 电网（线路）的额定电压

电网（线路）的额定电压只能选用国家规定的额定电压。它是确定各类电气设备额定电压的基本依据。

2. 用电设备的额定电压

当线路输送电力负荷时，要产生电压降，沿线路的电压分布通常是首端高于末端，如图 2-2 所示。因此，沿线各用电设备的端电压将不同，线路的额定电压实际就是线路首末两端电压的平均值。为使各用电设备的电压偏移差异不大，用电设备的额定电压与同级电网（线路）的额定电压相同。

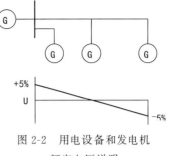

图 2-2 用电设备和发电机额定电压说明

3. 发电机的额定电压

由于用电设备的电压偏移为 ±5%，而线路的允许电压降为 10%，这就要求线路首端电压为额定电压的 105%，末端电压为额定电压的 95%。因此发电机的额定电压为线路电压的 105%。

4. 电力变压器的额定电压

（1）变压器一次绕组的额定电压 变压器一次绕组接电源，相当于用电设备。与发电机直接相连的升压变压器的一次绕组的额定电压应与发电机额定电压相同。连接在线路上的降压变压器相当于用电设备，其一次绕组的额定电压应与线路的额定电压相同，如图 2-3 所示。

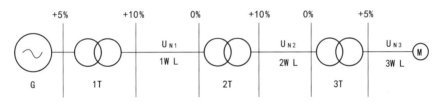

图 2-3 变压器额定电压说明

（2）变压器的二次绕组的额定电压 变压器的二次绕组向负荷供电，相当于发电机。二次绕组的额定电压应比线路的额定电压高 5%，而变压器二次绕组额定电压是指空载时的电压，但在额定负荷下，变压器的电压降为 5%。因此，为使正常运行时变压器二次绕组电压较线路的额定电压高 5%，当线路较长（如 35kV 及以上高压线路）时，变压器二次绕组的额定电压应比相连线路的额定电压高 10%；当线路较短（直接向高低压用电设备供电，如 10kV 及以下线路）时，二次绕组的额定电压应比相连线路的额定电压高 5%，如图 2-3 所示。

四、工作接地与保护接地

接地的作用总的说可以分为两个：保护人员和设备不受损害叫保护接地；保障设备的正常运行的叫工作接地。在本工程中，侧重于保护接地。

1. 工作接地

为保证电力系统和电气设备在正常和事故情况下可靠地运行，人为地将电力系统的中性点及电气设备的某一部分直接或经消弧线圈、电阻、击穿熔断器等与大地作金属连接，称为工作接地。

2. 保护接地

保护接地是将电气设备的金属外壳与大地作金属连接。

机壳安全接地是将系统中平时不带电的金属部分（机柜外壳，操作台外壳等）与地之间形成良好的导电连接，以保护设备和人身安全。原因是系统的供电是强电供电（380V、220V或110V），通常情况下机壳等是不带电的，当故障发生（如主机电源故障或其他故障）造成电源的供电火线与外壳等导电金属部件短路时，这些金属部件或外壳就形成了带电体，如果没有很好的接地，那么这些带电体和地之间就有很高的电位差，如果人不小心触到这些带电体，那么就会通过人身形成通路，产生危险。因此，必须将金属外壳和地之间作很好的连接，使机壳和地等电位。此外，保护接地还可以防止静电的积聚。

保护接地的形式有两种：一种是设备的外露可导电部分各自的PE线（保护线）分别直接接地，我国过去称为保护接地；另一种是设备的外露可导电部分经公共的PE线或PEN线接地，我国过去叫做保护接零。

3. 接地方式

供电系统的电气接地方式有TN系统、TT系统和TI系统。较常见的为TN系统。TN系统的电源中性点直接接地，并引出N线，属于三相四线制系统。系统上各种电气设备的所有外露可导电部分（正常运行时不带电），必须通过保护线与低压配电系统的中性点相连。当其设备发生单相接地故障时，就形成单相接地短路，其过电流保护装置动作。

按中性点与保护线的组合情况，TN系统分以下三种形式。

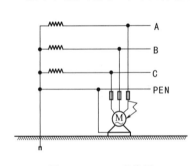

图2-4　TN-C系统图

（1）TN-C系统　这种系统的N线和PE线合为一根PEN线，所有设备的外露可导电部分均与PEN线相连。当三相负荷不平衡或者只有单相用电设备时，PEN线上有电流通过。其系统图如图2-4所示。

在TN-C系统中，由于PEN线兼起PE线和N线的作用，节省了一根导线，但在PEN线上通过三相不平衡电流I，其上有电压降IZPEN使电气装置外露导电部分对地带电压，三相不平衡负荷造成外壳带电压甚低，并不会在一般场所造成人身事故，但它可能对地引起火花，

不适宜医院、计算机中心场所及爆炸危险场所。TN-C系统不适用于无电工管理的住宅楼，这种系统没有专用的PE线，而是与中性线（N线）合为一根PEN线，住宅楼内如果因维护管理不当使PEN线中断，电源220V对地电压将如图2-4所示经相线和设备内绕组传导至设备外壳，使外壳呈现220V对地电压，电击危险很大。另外PEN线不允许切断（切断后设备失去了接地线），不能作电气隔离，电气检修时可能因PEN对地带电压而引起人身电击事故。TN-C系统中，不能装RCD（剩余电流动作保护器），因此当发生接地故障时，相线和PEN线的故障电流在电流互感器中的磁场互相抵消，RCD将检测不出故障电流而不动作，因此在住宅楼内不应采用TN-C系统。

（2）TN-S系统　整个系统的中性线（N）与保护线（PE）是分开的。

① 当电气设备相线碰壳，直接短路，可采用过电流保护器切断电源；

② 当N线断开，如三相负荷不平衡，中性点电位升高，但外壳无电位，PE线也无电位；

③ TN-S系统PE线首末端应做重复接地，以减少PE线断线造成的危险；

④ TN-S系统适用于工业企业、大型民用建筑。

目前单独使用单一变压器供电的或变配电所距施工现场较近的工地基本上都采用了 TN-S 系统，与逐级漏电保护相配合，确实起到了保障施工用电安全的作用，TN-S 系统图如图 2-5 所示。

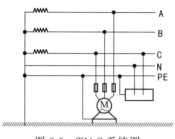

图 2-5　TN-S 系统图

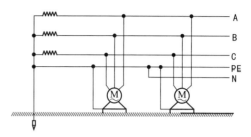

图 2-6　TN-C-S 系统图

（3）TN-C-S 系统　它由两个接地系统组成，第一部分是 TN-C 系统，第二部分是 TN-S 系统，其分界面在 N 线与 PE 线的连接点。TN-C-S 系统图如图 2-6 所示。

① 当电气设备发生单相碰壳，同 TN-S 系统；

② 当 N 线断开，故障同 TN-S 系统；

③ TN-C-S 系统中 PE 线应重复接地，而 N 线不宜重复接地。

PE 线连接的设备外壳在正常运行时始终不会带电，所以 TN-C-S 系统提高了操作人员及设备的安全性。施工现场一般当变台距现场较远或没有施工专用变压器时采取 TN-C-S 系统。

现在分析上面三种系统，TN-C 系统在实际运行中存在很多的缺陷，而 TN-S 供电系统，将工作零线与保护零线完全分开，从而克服了 TN-C 供电系统的缺陷，所以现在施工现场已经不再使用 TN-C 系统。因为 PEN 线因通过负荷电流而带有电位，容易产生杂散电流和电位差，应注意从住宅楼电源进线配电箱开始即将 PEN 线分为 PE 线和中性线，使住宅楼内不再出现 PEN 线。

五、供配电系统的接线方式及配电系统接线图

1. 配电方式

根据对可靠性的要求、变压器的容量及分布、地理环境等情况，高压配电系统可采用的配电方式有放射式、树干式、环式或其他组合方式。

（1）放射式线路　该线路特点是引出线故障时，与其余出线互不影响，供配电可靠性高，但当干线发生故障时，要停电。一般适用于三级负荷配电、大容量设备配电、潮湿或腐蚀、有爆炸危险环境的配电。以免影响其他用户正常用电。这是放射式线路最突出的特点。有低压出线与配电箱负荷连接。见图 2-7。

（2）树干式线路　该线路特点是开关设备及有色金属消耗少，比较经济。缺点是干线故障时，停电范围大，供电可靠性低。因此，很少单

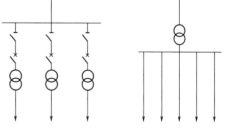

图 2-7　放射式线路示意图

独采用树干式配电，往往采用树干式与放射式混合使用，以减少树干式配电的停电范围。见图 2-8。

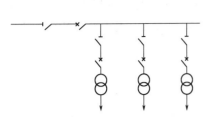

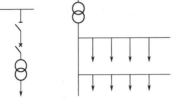

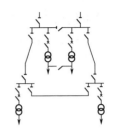

图 2-8　树干式线路　　　　　　　　　　　　　　　图 2-9　双电源高压环式电路

（3）环形线路　环形线路运行时都是开环的放射式线路，提高了供电可靠性，当一回路故障或检修时，可以将该线路与电源断开，而该处的负荷仍可得到供电，另外环形线路还分为开环和闭环两种形式，开环为双电源同时供电，闭环为双电源一用一备模式，因可靠性较高，适合三级负荷以上配电系统。单电源闭环电路则为普通供电形式。高压及低压环式配电电路见图 2-9 和图 2-10。

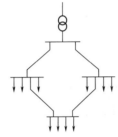

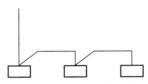

图 2-10　单电源低压环式电路　　　　　　　　　　　图 2-11　低压链式电路

（4）链式线路　链式线路实际上是一种树干式线路，适用于供电距离较远而用电设备容量小、相距近的场合，设备台数在 5 台以内，总功率在 10kW 以内，接线方式高压配电系统与低压配电系统原理完全相似。见图 2-11。

（5）高层建筑配电方式　只能是前述的几种方式，但电气施工图较多的要涉及竖向图，利用竖向图可以较为方便地描述配电系统的特征和特点。见图 2-12。

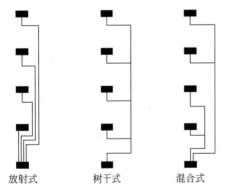

放射式　　　树干式　　　混合式

图 2-12　竖向配电系统图

2. 高层建筑配电干线类型

（1）电缆直配方式　适用于在楼层设变电站时的高压供电线。对于低压负荷，当负荷容量较大时或者负荷性质较重要，需要放射式供电时采用。

（2）母线槽方式　适用于高层建筑、多层厂房、标准厂房或机床设备密集的车间，还可以用于变压器与配电屏间的连接。

（3）预分支电缆方式　这种方式就是在要求分支的部位设置电缆 T 接头，它是用工业化的生产方式制作接头，绝缘锥经二次注塑，融为一体。分支电缆适用于中小负荷电流供电干线，特别适用于多层及高层住宅的供电干线。分支电缆分为单芯电缆和多芯电缆，单芯电缆因制造工艺简单，造价较低，实际使用多于多芯电缆，但因敷设的相间距离较大，选用时，应注意合理排列。

六、电气图形、图例符号

电气图形、图例符号见表2-2。

表 2-2 电气图形、图例符号

编号	图形符号	名称和说明	编号	图形符号	名称和说明
1		变压器(双绕组)	15		动断触点(也可作开关一般符号及继电器触点开关辅助触点)
2		变压器(三角-星型连接)	16		先断后合的转换触点
3		开关一般符号	17		先合后断的转换触点(桥接)
4		隔离开关	18		吸合时延时闭合的动合触点
5		断路器	19		释放时延时断开的动合触点
6		熔断器	20		吸合时延时断开的动断触点
7		跌开式熔断器	21		释放时延时闭合的动断触点
8		熔断器式刀开关	22		限位开关动断触点
9		带漏电保护的低压断路器(有过电流保护)	23		限位开关动合触点
10		接触器动合主触点	24		按钮开关动合触点
11		避雷器	25		按钮开关动断触点
12		电压互感器(两个单相互感器V形连接)	26		液位控制动合触点
13		电流互感器	27		水流控制动合触点
14		动合触点(也可作开关一般符号及继电器触点开关辅助触点)	28		压力控制动合触点

续表

编号	图形符号	名称和说明	编号	图形符号	名称和说明
29		温度控制动合触点	51		接地一般符号
30		热继电器触点	52		两器件间的机械联锁
31		热继电器驱动元件	53		操作开关或控制器（"■"表示此位置接通）
32		线圈一般符号（接触器 继电器 启动器）	54		操作开关或控制器自动复位
33	(A) (V) (cosφ)	电流表 电压表 功率因数表	55	◯	变电所一般符号
34	wh warh	有功电度表 无功电度表	56		动力或动力—照明配电箱
35	⊗	信号灯	57	■	照明配电箱
36		电铃	58	⊠	事故照明箱
37		蜂鸣器	59	⊿	电源自动切换箱
38		电警笛	60	⊗	信号箱
39		可调电阻器	61	▭	控制箱
40		电阻器	62		电度表箱
41		电容器	63	UPS	不停电电源
42		电感器 线圈 扼流圈	64	(1) (2)	(1)低压断路器箱 (2)电动机启动器
43		半导体二极管一般符号	65	(1) (2)	刀开关箱:(1)带熔断器(2)不带熔断器
44		整流器	66		熔断器箱
45	SA	电流表转换开关	67		组合开关
46	SV	电压表转换开关	68	(1) (2)	插座箱:(1)明装(2)暗装
47		电缆头	69		地面插座箱(盒)
48	>>	插头插座	70	◎	就地操作箱（按钮盒）
49		封闭母线槽终端箱	71	(M)	电动机(圈内字母可省略)
50		封闭母线槽插接箱(带低压断路器)	72	(G)	发电机

续表

编号	图 形 符 号	名称和说明	编号	图 形 符 号	名称和说明
73	轴流风机图形	轴流风机	86	SL图形	水位开关(液位控制器)
74	冷风机空调机图形	冷风机 空调机	87	SQR SQD图形	限位开关:SQR 为上升限位;SQD 为下降限位
75	电热水器图形	电热水器 电开水器	88	插座图形	插座的一般符号
76	电风扇图形	电风扇	89	(1)(2)图形	单相两孔插座:(1)明装(2)暗装
77	阀图形	阀的一般符号	90	(1)(2)图形	单相三孔插座:(1)明装(2)暗装
78	M电动阀图形	电动阀	91	(1)(2)图形	带安全门单相两孔插座:(1)明装(2)暗装
79	电磁阀图形	电磁阀	92	(1)(2)图形	带安全门单相三孔插座:(1)明装(2)暗装
80	⊙ 或 ●图形	按钮的一般符号	93	(1)(2)图形	双联单相三孔插座:(1)明装(2)暗装
81	⊙ 或 ●图形	消防专用钮 破玻璃按钮	94	(1)(2)图形	带安全门单相三孔加两孔插座:(1)明装(2)暗装
82	(1)(2)图形	按钮盒:(1)保护型(2)防水型(密闭型)	95	(1)(2)图形	三相四孔插座:(1)明装(2)暗装
83	电子门铃图形	电子门铃(低压直流)	96	S SH图形	插座附注:S 为带开关;SH 为带开关及灯
84	SW图形	水流开关(水流指示器)	97	○图形	灯具的一般符号
85	SP图形	压力开关(带电接点压力表)	98	(1)(2)图形	筒灯:(1)明装(2)暗装

七、变配电工程的电气设备

1. 变压器

变压器是变电所中的重要的一次设备，其主要功能是升高和降低电压，有利于电能的合理输送、分配和利用。变压器的分类方法很多，按功能分有升压变压器和降压变压器；按相数分有单相和三相变压器；按绕组导体材质分有铜线和铝线变压器；按冷却方式分有油浸式和干式，干式变压器有浇注式、开启式、充气式（SF₆），油浸式有油浸自冷式、油浸风冷式、油浸水冷式等；按用途分有普通变压器和特种变压器。安装在总降压变电所的变压器称为主变压器，6～10kV/0.4kV 的变压器通常称为配电变压器。

变压器的型号表示及含义如图 2-13 所示。

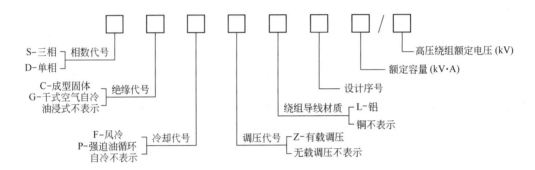

图 2-13　变压器型号表示及含义

如图 2-13 规则，例如 S9-1000/10 表示三相铜绕组油浸式（自冷式）变压器，设计序号为 9，容量为 1000kV·A，高压绕组额定电压为 10kV。此外变压器还有连接方式如 Y，d11 表示原绕组为 Y 型接法，副绕组为角型接法，原副绕组线电压相位差 30°（原绕组线电压位于钟表 12 点位置时，副边处于 11 点位置，钟表一格为 30°）。目前在变压器的应用方面，大多选择低损耗节能型变压器，如 S9 系列或 S10 系列。在多尘或有腐蚀性气体严重影响变压器安全的场所，选择密封型变压器或防腐型变压器；供电系统中没有特殊要求和民用建筑独立变电所常采用三相油浸自冷电力变压器（S9，S10-M，S11，S11-M 等）；对于高层建筑、地下建筑、发电厂、化工厂等单位对消防要求较高的场所，宜采用干式电力变压器（SC，SCZ，SG3，SG10，SC6 等）；对于电网电压波动较大的，为改善电能质量应采用有载调压电力变压器（SZ7，SFSZ，SGZ3 等）。电力变压器外形见图 2-14。

图 2-14　变压器

2. 高压断路器

高压断路器应根据断路器安装地点，环境和使用技术条件等，要求选择其种类和型式，由于少油断路器制造简单，价格便宜，维护工作量少，故 3～220kV 一般用少油断路器，但也有用真空断路器、SF6 断路器作为 6～10kV 开关电器的。

断路器根据所采用的灭弧介质和灭弧方式，大体可分为下列几种。

（1）油断路器　油断路器是用绝缘油作灭弧介质。按断路器油量和油的作用又可分多油断路器和少油断路器。

① 多油断路器油量多，油有三个作用：一是作为灭弧介质；二是在断路器跳闸时作为动、静触头间的绝缘介质；三是作为带电导体对地（外壳）的绝缘介质。多油断路器是早期设计的产品，由于体积较大，用油量多而维护困难，除了开断频繁的场合使用以外已经不再广泛使用。

② 少油断路器油量少，断路器油只作为灭弧介质和动、静触头间的绝缘介质。其对地绝缘主要靠空气、套管和其他绝缘材料。少油断路器由于用油少，在体积上较多油断路器要小，所耗材料也少，所以其成本较低，是 20 世纪 80 年代以来国内较常用的断路器类型。由于其结构的特点，少油断路器不适合开断频繁的场合。

（2）空气断路器　采用压缩空气作为断路器的绝缘介质。压缩空气具有三个作用，一是通过强力吹灭电弧，达到灭弧的作用；二是作为动、静触头之间的绝缘材料；三是作为重合闸时的动力来源。空气断路器可以分断大电流，且速度较油断路器快。但其结构复杂，难于维护，设计成本较高，通常应用在110kV以上的电力网当中。

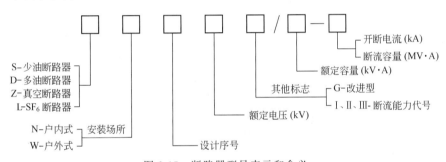

图 2-15　断路器型号表示和含义

（3）六氟化硫断路器　它以 SF$_6$ 作为灭弧和绝缘的介质，具有绝缘强度高，灭弧性能好的特点。六氟化硫断路器采用先进的旋转灭弧原理，不仅开断灵活，电寿命长，操作过电压低，而且结构合理，操作功小，适用于 10kV 侧出线的保护和控制。断路器型号表示和含义如图 2-15 所示。高压断路器外形结构见图 2-16。

3. 高压隔离开关

高压隔离开关的主要功能是隔离高压电源，以保证其他设备和线路的安全检修及人身安全。隔离开关断开后具有明显的可见断开间隙，保证绝缘可靠。隔离开关没有灭弧装置，不能带负荷拉、合闸，但可用来通断一定的小电流，如励磁电流不超过 2A 的空载变压器、电容电流不超过 5A 的空载线路及电压互感器和避雷器电路等。高压隔离开关分为户内式和户外式两类，按有无接地可分为不接地、单接地和双

图 2-16　高压断路器

接地 3 类。

高压隔离开关的型号表示和含义见图 2-17。

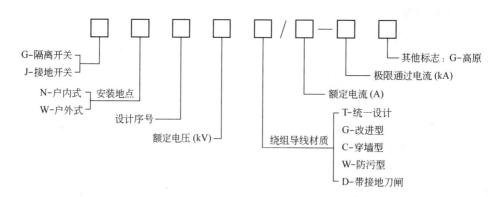

图 2-17　高压隔离开关的型号表示和含义

10kV 高压隔离开关型号较多，常用的有 GN8，GN9，GN24，GN28，GN30 等系列。具体结构见图 2-18。

图 2-18　高压隔离开关

4. 避雷器

避雷器是电力保护系统中保护电气设备免受雷电过电压或由操作引起的内部过电压的损害的设备。目前使用的避雷器主要有保护间隙避雷器、管型避雷器、阀型避雷器（有普通 FS 型、FZ 型和磁吹型阀型避雷器）、氧化锌避雷器。氧化锌避雷器由于具有良好的非线性、动作迅速、残压低、通流容量大、无续流、结构简单、可靠性高、耐污能力强等优点，因而是传统碳化硅阀型避雷器的更新换代产品，在电站及变电所中得到广泛的应用。间隙避雷器、管型避雷器在工厂变电所中应用较少。基本型氧化锌避雷器型号表示及含义见图 2-19。外形结构见图 2-20。

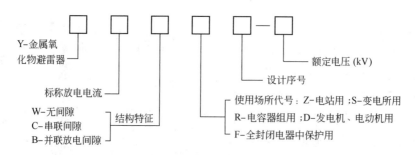

图 2-19　基本型氧化锌避雷器型号表示及含义

5. 高压开关柜

高压开关柜是一种高压成套设备，在柜内按一定的线路方案将有关一次设备和二次设备

图 2-20　避雷器

组装,从而节约空间,方便安装,可靠供电,外形美观。

高压开关柜分为固定式、移开式两大类。固定式开关柜中,有 KGN,XGN 系列箱型固定式金属封闭开关柜。移开式开关柜主要有 JYN 系列、KYN 系列。移开式开关柜中没有隔离开关,因为断路器在移开后能形成断开点,故不需要隔离开关。

按功能划分,主要有馈线柜、电压互感器柜、高压电容器柜、电能计量柜、高压环网柜等。高压开关柜主要型号及含义见表 2-3。实物图片见图 2-21。

表 2-3　高压开关柜主要型号及含义

型　号	型　号　含　义
JYN2—10,35	J——"间"隔式金属封闭;Y——"移"开式;N——户"内";2——设计序号;10,35——额定电压,kV(下同)
GFC—7B(F)	G——"固"定式;F——"封"闭式;C——手"车"式;7B——设计序号;(F)——防误型
KYN□—10,35	K——金属"铠"装;Y——"移"开式;N——户"内"(下同);□——(内填)设计序号(下同)
KGN—10	K——金属"铠"装;G——"固"定式
XGN2—10	X——"箱"型开关柜(下同);G——"固"定式
HXGN□—12Z	H——"环"网柜;12 表示最高工作电压为 12kV;Z——带真空负荷开关
GR—1	G——高压"固"定式开关柜;R——电"容"器;1——设计序号
PJ1	PJ——电能计量柜(全国统一设计);1——(整体式)仪表安装方式

图 2-21　高压开关柜

实物图片见图 2-23。

6. 互感器

（1）电压互感器　是变换电压的设备，其原理与变压器相同，是将高压变成低压，便于测量和控制。电压互感器有单相与三相之分，对于三相根据需要又有 Y 型和角型接法的不同。在使用中应注意电压互感器一、二次侧均不能短路，二次侧的一端应接地。铁芯也应接地，在接线时，必须注意端子极性。电压互感器型号表示及含义表示法见图 2-22。

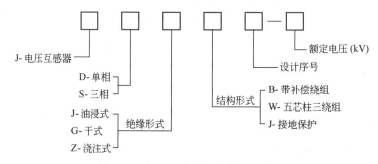

图 2-22　电压互感器型号表示及含义

（2）电流互感器　是变换电流的设备，其原理与变压器相同，是将大电流变成小电流，便于测量和控制。电流互感器的特点是一次绕组匝数较少且导线较粗，一般二次侧绕组匝数比一次侧高得多，导线相对较细。电流互感器的一次绕组串联在线路中，二次绕组与仪表、继电器电流线圈串联，形成闭合回路，由于这些线圈阻抗很小，工作时二次回路接近短路状态。使用时注意电流互感器在工作时二次侧不得开路，由于二次侧匝数较高，开路将感应出危险的高压，危及人身及设备安全，此外没有二次侧电流的磁势对一次侧磁势的抵消作用将导致磁通剧增，铁芯磁路严重饱和产生过热损坏互感器。二次回路接线必须可靠、牢固，不允许在二次回路中接入开关或熔断器。为防止一、二次绕组间绝缘击穿时，一次侧高压窜入二次侧，一般二次侧有一端要接地。电流互感器的型号表示及含义见图 2-24。实物图片见图 2-25。

图 2-23　电压互感器

7. 高压熔断器

高压熔断器主要是利用熔体电流超过一定值时，熔体本身产生的热量自动地将熔体熔断从而切断电路的一种保护设备，其功能主要是对电路及其设备进行短路和过负荷保护。高压熔断器主要有户内限流熔断器（RN 系列）、户外跌落式熔断器（RW 系列）、并联电容器单

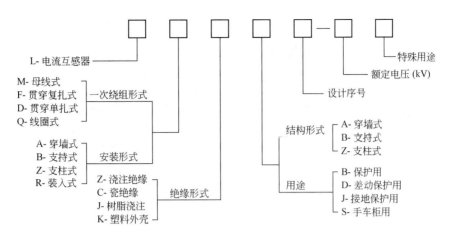

图 2-24　电流互感器型号表示及含义

台保护用高压熔断器 BRW 型 3 种类型。较常用的为前两种，RN 系列的高压熔断器采用石英砂灭弧，分断较为迅速，户外跌落式熔断器（RW 系列）利用熔体在封闭的消弧管内的电弧产生的气体吹弧，同时熔丝熔断使熔管释放，即跌落，在触头弹力及自重作用下断开，形成断开间隙，因此称为即跌落式。高压熔断器型号表示及含义见图 2-26。实物图片见图 2-27。

图 2-25　电流互感器

8. 低压开关柜

低压开关柜又叫低压配电屏，是按一定的线路方案将有低压设备组装在一起的成套配电装置。其结构形式主要有固定式和抽屉式两大类。低压抽屉式开关柜，适用于额定电压 380V，交流 50Hz 的低压配电系统中做受电、馈电、照明、电动机控制及功率因数补偿来使用。目前有 GCK1，GCL1，GCJ1，GCS 等系列。抽屉式低压开关柜馈电回路多、体积小、占地少，但结构复杂、加工精度要求高、价格高。

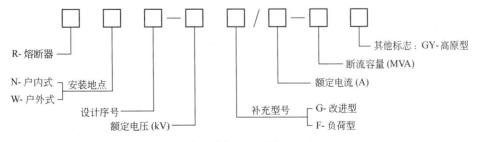

图 2-26　高压熔断器型号表示及含义

低压固定式开关柜目前广泛使用的主要有 GGD，PGL1 和 PGL2 系列。GGD 型开关柜是 20 世纪 90 年代产品，柜体采用通用的形式，柜体上、下两端均有不同数量的散热槽孔，使密封的柜体自下而上形成自然通风道，达到散热目的。实物图片见图 2-28。

图 2-27　高压熔断器

图 2-28　低压配电柜

9. 自动空气开关

自动空气开关是低压电气设备，又称为自动空气断路器。主要用途可分为配电用空气开关、电动机保护用自动空气开关、照明用自动空气开关。按结构分有塑料外壳式、框架式、快速式、限流式等。但基本形式主要有万能式和装置式两种系列，分别用 W 和 Z 表示。保护方式有过流脱扣器和过载脱扣器保护，短路瞬时动作，过载具有延时动作方式。型号表示及含义见图 2-29。常用自动开关型号及主要技术数据见表 2-4。

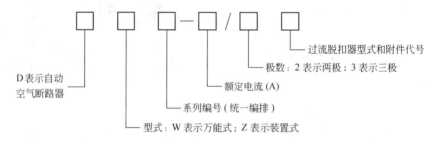

图 2-29　自动空气开关型号表示及含义

10. 电缆导线的选用

（1）常用电力电缆型式

① 电线

a. BLV，BV：塑料绝缘铝芯、铜芯电线。

b. BLVV，BVV：塑料绝缘塑料护套铝芯、铜芯电线（单芯及多芯）。

c. BLXF，BXF，BLXY，BXY：橡皮绝缘、氯丁橡胶护套或聚乙烯护套铝芯、铜芯电线。

② 电缆

a. VLV，VV：聚氯乙烯绝缘、聚氯乙烯护套铝芯、铜芯电力电缆，又称全塑电缆。

b. YJLV，YJV：交联聚乙烯绝缘、聚乙烯绝缘护套铝芯、铜芯电力电缆。

c. XLV，XV：橡皮绝缘聚乙烯护套铝芯、铜芯电力电缆。

d. ZLQ，ZQ：油浸纸绝缘铅包铝芯、铜芯电力电缆。

e. ZLL，ZL：油浸纸绝缘铅包铝芯、铜芯电力电缆。

若电缆型号有下标则其含义见表 2-5。

表 2-4 常用自动开关型号及主要技术数据

类 别	型号	额定电流/A	过电流脱扣器额定电流范围/A	极限开断能力			备 注
				电压/V	交流电流周期分量有效值 I/kA	$\cos\varphi$	
塑料外壳式	DZ5	20	0.15～20 复式电磁式	380	1.2	≥0.7	
			0.15～20 热脱扣式		1.3 倍脱扣额定电流		
			无脱扣式		0.2		
		50	10～50		2.5		
	DZ10	100	15～20		7	≥0.5	
			25～40		9		
			50～100		12		
		250	100～250		30		
		600	200～600		50		
	DZ12	60	6～60	120	5	0.5～0.6	
				120/240			
				240/415	3	0.75	
	DZ15	40	10～40		2.5	0.7	
	DZ15L	40	10～40		2.5		
框架式	DW2	200	60～200	380	10	≥0.4	
		400	100～400		15		
		600	500～600		15		
		1000	400～1000		20		
		1500	1500		20		
		2500	1000～2500		30		
		4000	2000～4000		40		
	DW5	400	100～400		10/20	0.35	延时 0.4s
		600	100～600		12.5/25		

表 2-5 电缆外护层下标代号的含义

第一个数字		第二个数字		第一个数字		第二个数字	
代号	铠装层类型	代号	外被层类型	代号	铠装层类型	代号	外被层类型
0	无	0	无	3	细圆钢丝	3	聚乙烯护套
1	—	1	纤维绕包	4	粗圆钢丝	4	—
2	双钢带	2	聚氯乙烯护套				

例：如 YJV$_{43}$表示交联聚乙烯绝缘粗圆钢丝铠装聚乙烯护套电力电缆。

（2）根据载流量确定电缆的截面

电缆及导线的选用主要有根据计算电流以及允许的电流密度确定电缆的截面以及型号类型（见表 2-6、表 2-7），另外还有根据允许电压降计算导线面积，根据电缆的机械强度计算电缆截面等方法。

表 2-6 聚氯乙烯绝缘电线明敷的载流量

截面 /mm²	BV 型、铜芯载流量/A				截面 /mm²	BV 型、铜芯载流量/A			
	25℃	30℃	35℃	40℃		25℃	30℃	35℃	40℃
2.5	34	32	30	28	10	80	75	71	65
4	45	42	40	37	16	111	105	99	91
6	58	55	52	48	25	146	138	130	120

表 2-7　0.6/1kV 聚氯乙烯绝缘电力电缆的载流量（铜芯）

型　号	标称截面 /mm²	载流量推荐值/A		型　号	标称截面 /mm²	载流量推荐值/A	
		空气中敷设	埋地敷设			空气中敷设	埋地敷设
VV₂₂	10	76	97	VV₂₂	50	191	240
	16	101	127		70	242	302
	25	132	166		95	295	361
	35	161	202				

第二节　变配电工程施工图的识读

变配电工程图是设计单位提供给施工安装单位的重要图纸，也是运行管理维护、维修的重要依据。主要包括变配电系统图（高压系统图和低压系统图）、变电所平面图、立面图、照明系统图、照明平面图、防雷接地平面图、防雷接地立面（断面）图等。本章主要介绍变配电系统图和立面图以及平面图，防雷以及照明在后续章节中阐述。

例 1：图 2-30 是高压配电系统图，变电所电压等级为 35/10kV，35kV 侧有两回进线，10kV 侧有十回架空线出线、两回电缆线出线。35～110kV 变电所设计规范（GB 50059—92）做了如下的规定。

（1）变电所的主接线，应根据变电所在电力网中的地位、出线回路数、设备特点及负荷性质等条件确定。并应满足供电可靠、运行灵活、操作检修方便、节约投资和便于扩建等要求。当能满足运行要求时，变电所高压侧宜采用断路器较少或不用断路器的接线。

（2）35～110kV 线路为两回及以下时，宜采用桥形、线路变压器组或线路分支接线。超过两回时，宜采用扩大桥形、单母线或分段单母线的接线。35～63kV 线路为 8 回及以上时，亦可采用双母线接线。110kV 线路为 6 回及以上时，宜采用双母线接线。

（3）在采用单母线、分段单母线或双母线的 35～110kV 主接线中，当不允许停电检修断路器时，可设置旁路设施。当有旁路母线时，首先宜采用分段断路器或母联断路器兼作旁路断路器的接线。当 110kV 线路为 6 回及以上，35～63kV 线路为 8 回及以上时，可装设专用的旁路断路器。主变压器 35～110kV 回路中的断路器，有条件时亦可接入旁路母线。采用 SF₆ 断路器的主接线不宜设旁路设施。

（4）当变电所装有两台主变压器时，6～10kV 侧宜采用分段单母线。线路为 12 回及以上时，亦可采用双母线。当不允许停电检修断路器时，可设置旁路设施。当 6～35kV 配电装置采用手车式高压开关柜时，不宜设置旁路设施。

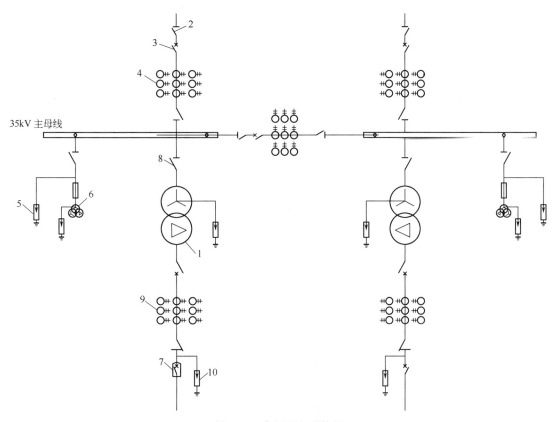

图 2-30 高压配电系统图

（5）当需限制变电所 6～10kV 线路的短路电流时，可采用下列措施之一：①变压器分列运行；②采用高阻抗变压器；③在变压器回路中装设电抗器。

（6）接在母线上的避雷器和电压互感器，可合用一组隔离开关。对接在变压器引出线上的避雷器，不宜装设隔离开关。

变压器采用 Y，d 连接，主要是为了抑制输出电压波形中的高次谐波，保持电压波形为正弦形。主要设备名称及型号见表 2-8。

表 2-8 主要设备表

序 号	名 称	型 号	序 号	名 称	型 号
1	主变压器	SF7—16000/35	6	35kV 侧电压互感器	JCC5—35W
2	35kV 侧隔离开关	GW4-35DWV	7	10kV 侧断路器	SN10—10/1250
3	35kV 侧断路器	SW4—35Ⅱ	8	10kV 侧隔离开关	GN19—10/1250
4	35kV 侧电流互感器	LCWD1—35	9	10kV 侧电流互感器	FZJ—10
5	35kV 侧避雷器	FZ—35	10	10kV 侧避雷器	FZ—10

两路独立电源使电路可靠性更高，一般双电源用于二级以上负荷，一般工作于一用一备状态，两电源之间有联络开关，作为转换之用。电流互感器、电压互感器是检测必备设备，一般接检测仪表检测电压与电流。避雷器一般为阀型避雷器或硅堆结构，在雷击过电压时的负阻作用吸收过电压。

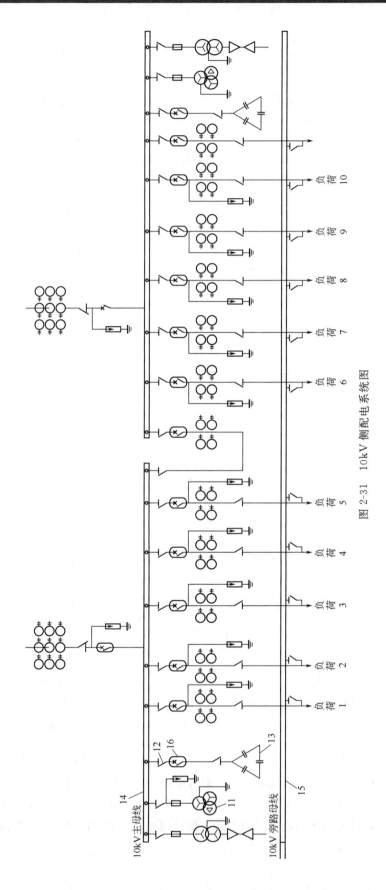

图 2-31 10kV 侧配电系统图

图 2-31 是图 2-30 的接续，两路 10kV 电源仍是一用一备，两段 10kV 主母线之间有联络开关，供电源之间转换之用。线路上共有 10 个负载。每个负载都有隔离开关与断路器串联进行控制。各部分均有避雷器做防雷保护，电流互感器、电压互感器做间接检测控制之用。补偿电容一般接成三角形，对整个电路进行无功补偿。10kV 侧汇流母线使供电稳定可靠。对于高压系统要求主开关设备应采用真空断路器、六氟化硫断路器、真空自动重合器或六氟化硫自动重合器作开断设备，不得采用油为灭弧介质的断路器，自动重合器。隔离开关必须与断路器串联配合使用，因隔离开关没有灭弧装置，不能用做通断负荷，只有断路器可用于通断负荷。图 2-31 的主要设备代号及型号见表 2-9。

表 2-9　主要设备表

序　号	名　　称	型　　号	序　号	名　　称	型　　号
11	10kV 侧电压互感器	JDZJ—10	14	10kV 侧汇流母线	LMY37X8
12	10kV 侧隔离开关	GW19-10/630	15	旁路母线	LMY37X8
13	补偿电容器	TBB3-10-3000/100	16	10kV 侧断路器	SN10-10/630

图 2-32～图 2-35 是室外供配电系统的断面图，主要描述各供配电设备的具体位置相互连接关系及导线的连接走向等。

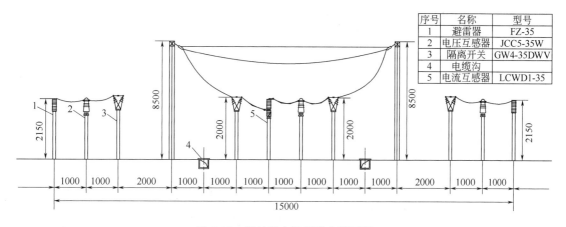

序号	名称	型号
1	避雷器	FZ-35
2	电压互感器	JCC5-35W
3	隔离开关	GW4-35DWV
4	电缆沟	
5	电流互感器	LCWD1-35

图 2-32　室外配电装置纵向断面图

例 2： 某居民区变电所供电系统。本供电系统为双电源供电，负荷等级为二级。变电所各部分介绍如下。

（1）高压系统图　如图 2-36 所示为高压系统图。两路 10kV 电源进线，两路电源一主一备，10kV 中压配电室配电柜有检测装置，如电流互感器、电压互感器等，额定电流为1250A 的转换开关完成两路电源切换。所采用的开关为可以方便更换的手车式高压开关。进线柜还包括抽出式隔离设备，便于设备维护更换。下面铜母线上接 7 路负载，其中一路为备用。其余 6 路通过 630A 高压开关与 10kV/0.4kV、2500kVA、Dyn11 变压器连接。变压器的参数显示为：原边线电压为 10kV，副边线电压为 0.4kV，额定容量为 2500kVA，原边为角形接法，副边为星形接法。原副边线电压相位差为 30°（原边电压相位在表的 0 点上，副边电压相位在表的 11 点上）。副边中点接零线。采用角星接法有利于改善电压波形。下面低压配电室中的 5000A 转换开关上面的是两个常闭开关同时动作，下面的是常开开关也同时

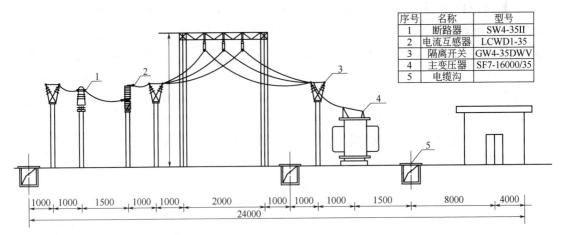

序号	名称	型号
1	断路器	SW4-35II
2	电流互感器	LCWD1-35
3	隔离开关	GW4-35DWV
4	主变压器	SF7-16000/35
5	电缆沟	

图 2-33　室外配电装置横向断面图

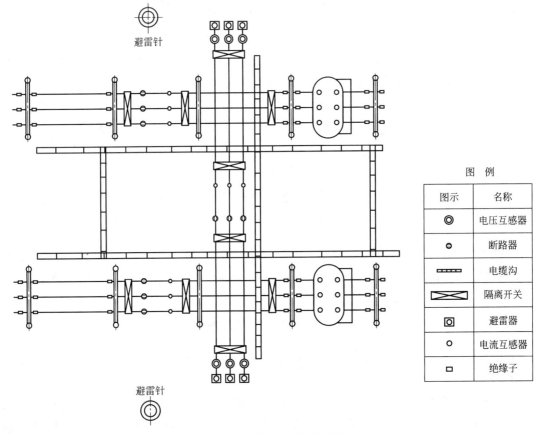

图　例

图示	名称
◎	电压互感器
―	断路器
▭▭▭	电缆沟
▨	隔离开关
▣	避雷器
∘	电流互感器
▯	绝缘子

图 2-34　室外配电装置平面图

动作。此开关是为两路电源同时切断时开启发电机做准备，再下面的转换开关动作后发电机投入。中间和右侧两变压器室多两路隔离开关，便于检修维护时使用。三个变压器室工作特点类似。本图右上角有器件符号说明便于识读。图中的说明显示系统的技术要求。

（2）高压系统接线图　高压系统接线图如图 2-37 所示，反映各高压开关柜的具体详细内容，如高压开关柜编号、型号、额定电压、用途、母线额定电流等多项内容。两路电源从两侧进线，接有电压互感器、电流互感器、浪涌保护器、信号灯、维护接地保护隔离开关、

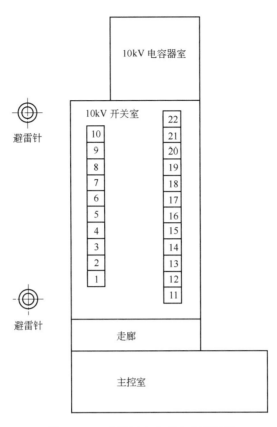

图 2-35　二次降压变电所室内平面图

有功功率表、无功功率表等。两路电源通过转换开关以一主一备形式接入母线，为 6 路负载提供电源。6 路负载通过变压器转换电压后为低压开关柜提供低压电源。其中表格提供各种电器的技术参数、数量型号等便于读图。具体表格中微机保护为馈线保护测控装置；测控监视装置为变压器保护测控装置和分段开关保护测控装置等。另外仔细研究图中的技术说明（图中右下角说明部分）对于工程图的识读也是十分重要的。

（3）低压配电系统图　图 2-38 为低压系统图部分内容，通过母线连接诸多低压开关柜，幅面原因，图中只显示局部开关柜。表格提供母线型号尺寸（相线、中线、PE 保护线）、一次回路方案、配电屏编号、小室回路编号等项目。其中一次回路方案为断路器与电流互感器等机构配合，EF-ACS 为漏电火灾报警监视系统监控单元。图 2-39 为低压系统图电源输入部分，与图 2-38 为一个整体，包括功率因数提高的电容器柜，变压器、转换开关以及一些保护检测装置。因其他部分均类似，且较占幅面，图 2-38、图 2-39 只显示低压系统部分内容，没有显示全部。

（4）变电所平面布置图　通过图 2-40 和图 2-41 变电所平面布置图可以看到北区变配电室和南区变配电室的布置平面图以及制冷机房变配电室平面布置图。其中南北区变配电室分别反映出变压器的位置和高压柜位置、低压柜位置，各柜编号位置，南区变配电室和制冷机房变配电室专门绘出高压隔离开关柜的位置，北区变配电室有专门的直流屏反映直流电源状况，因一些设备需要直流电源工作。平面布置图中的具体内容可与系统图对照识读。

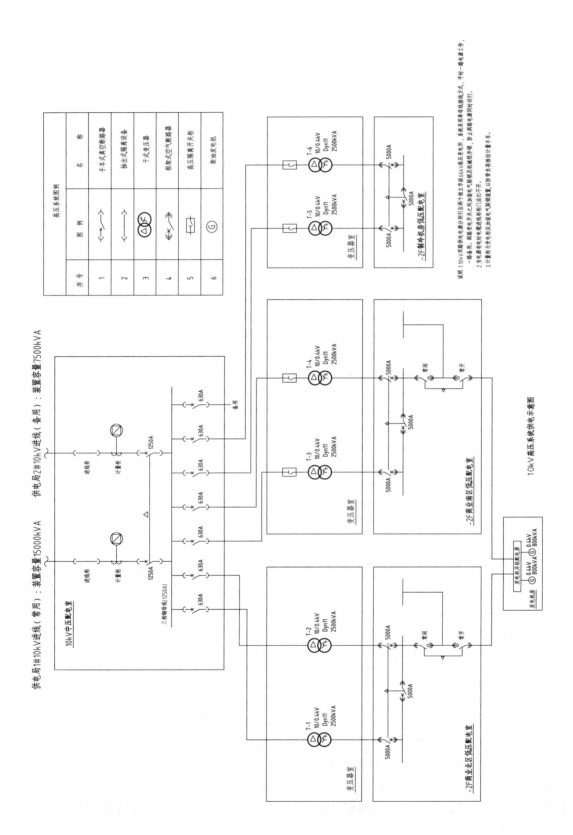

高压系统图例		
序号	图例	名称
1		手车式真空断路器
2		抽出式隔离设备
3		干式变压器
4		框架式空气断路器
5		高压隔离开关柜
6	G	柴油发电机

10kV高压系统供电示意图

说明：1.10kV双路供电电源分别引自两个独立于接66kV变压室本所，系统采用单母线单端接线方式，平时一路一路通工作，平时一路送通工作。
2.当电源电路在线桥断刀送打开。
3.计量前电电应应加装空气隔离柜，以降其其隔柜设计量手。

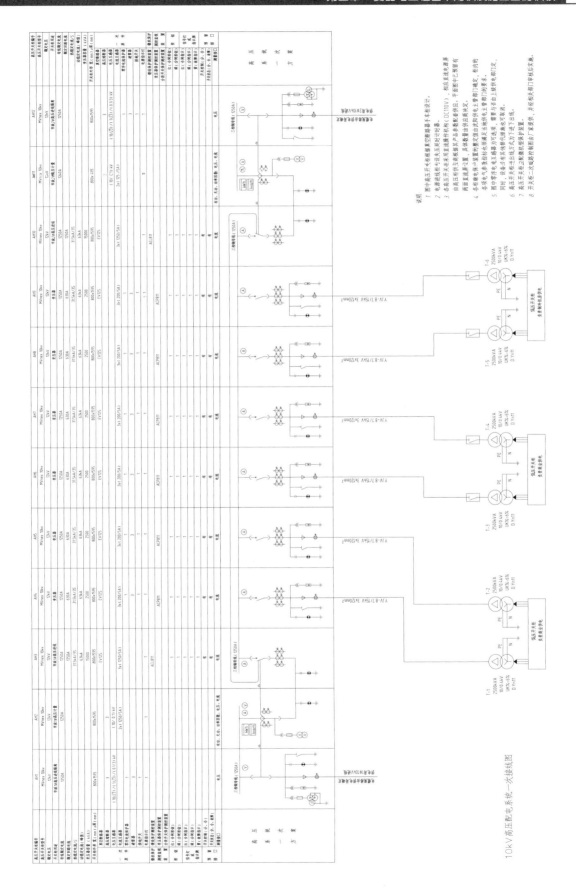

10kV高压配电系统一次接线图

配电箱编号					4AA14					4AA13					4AA12			
小室回路编号					5	4	3	2	1	5	4	3	2	1	4	3	2
安装容量（kW）						158kW	118kW	29kW	72kW		30kW	33kW	136kW	77kW			84/70б.5kW
需要系数（kx）																	84/70б.5kW
计算容量（cos φ）						0.8	0.8	0.8	0.8				0.8	0.8			0.8
计算电流（A）						300A	274A	55A	42A		57A	63A	258A	146A			202A
引出回路编号						E305(B)	E408	E403	E401		E411	E406	E309(B)	E308(B)			E410
用途					专用	IV区应急照明小动力用电（备用）	直区应急照明小动力用电（备用）	地下一、二层应急照明小动力用电（备用）	地下一、二层应急照明小动力用电（备用）	专用	消防中心用电（专用）	生活水泵多用（专用）	IV区应急照明小动力用电（备用）	III区应急照明小动力用电（备用）	专用	备用	II区应急照明风机用电（专用）
断路器型号规格					NSX250H	NSX630H	NSX400H	NSX100H	NSX100H	NSX250H	NSX100H	NSX100H	NSX400H	NSX250H	NSX250H	NSX400H	NSX250H
隔离开关型号规格					STR22SE	STR23SE	STR23SE	TM	TM	STR22SE	TM	TM	STR23SE	STR22SE	STR22SE	STR23SE	TM
断路器附件					分斯线圈、辅助开关	辅助开关	辅助开关	辅助开关	辅助开关	分斯线圈、辅助开关	辅助开关	辅助开关	辅助开关	分斯线圈、辅助开关	辅助开关	辅助开关	辅助开关

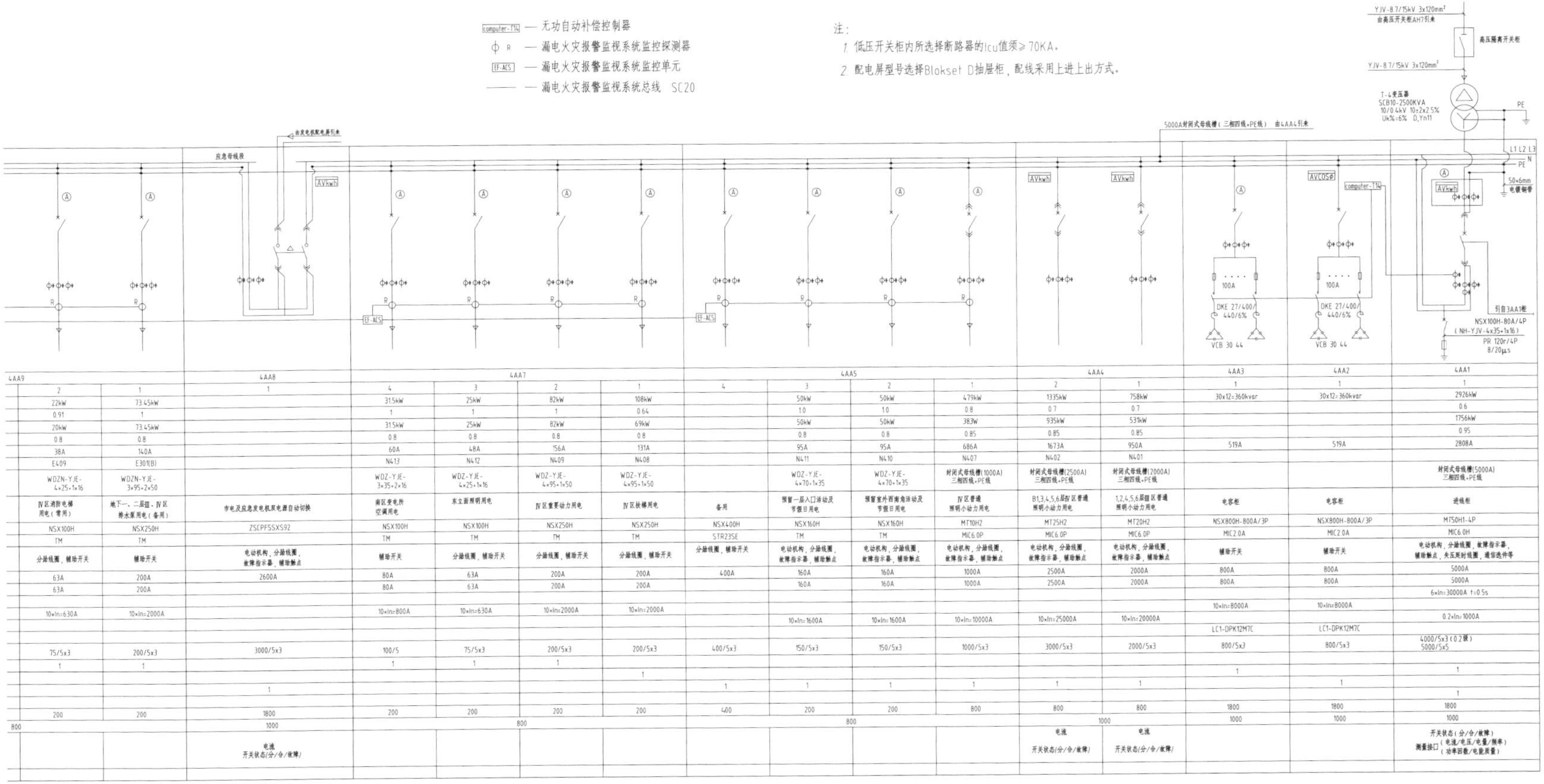

computer-T14 — 无功自动补偿控制器

ф R — 漏电火灾报警监视系统监控探测器

EF-ACS — 漏电火灾报警监视系统监控单元

—— — 漏电火灾报警监视系统总线　SC20

注：

1. 低压开关柜内所选择断路器的Icu值须≥70KA。

2. 配电屏型号选择Blokset D抽屉柜，配线采用上进上出方式。

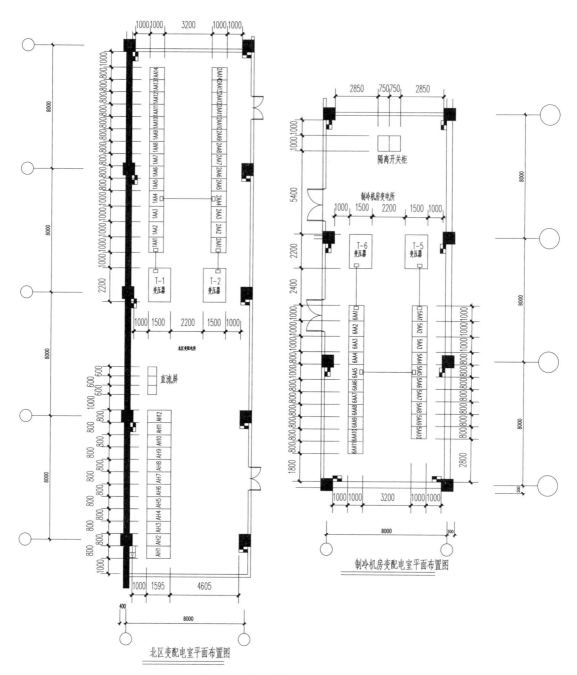

图 2-40　变电所平面布置图（一）

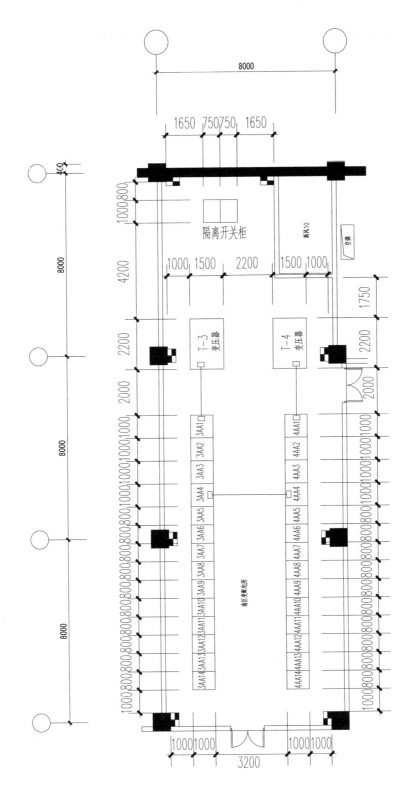

南区变配电室平面布置图

图 2-41　变电所平面布置图（二）

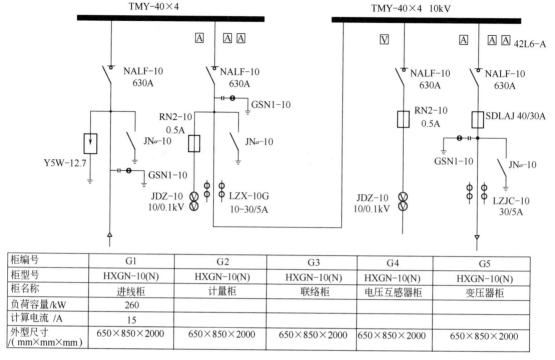

图 2-42　高压配电柜系统图

柜编号	G1	G2	G3	G4	G5
柜型号	HXGN-10(N)	HXGN-10(N)	HXGN-10(N)	HXGN-10(N)	HXGN-10(N)
柜名称	进线柜	计量柜	联络柜	电压互感器柜	变压器柜
负荷容量/kW	260				
计算电流 /A	15				
外型尺寸/(mm×mm×mm)	650×850×2000	650×850×2000	650×850×2000	650×850×2000	650×850×2000

例3：图 2-42 为某高速公路服务区变电所高压配电柜系统图。

（1）**动力负荷**　本建筑主要动力设备有深井泵 15kW，生活给水泵 3kW，引风机 11kW，鼓风机 3kW，除渣机 1.1kW，炉排电机 1.1kW，循环泵 5.5kW，消防泵 22kW。总的动力负荷为 61.7kW。本建筑中总的负荷为 71.24kW。

（2）**总负荷及变压器**　本建筑还为其他建筑供电。收费站 63.5kW，食堂 30kW，锅炉房配电站 71kW，通信预留 25kW，办公楼 24kW，交警楼 20kW，车库 5kW，路灯 2.25kW，污水处理 3.5kW，电源进线总容量为 259.5kW。变压器的容量为 250kVA。

（3）**供电方式、无功补偿及备用电源说明**　本系统中电源采用一路 10kV 架空线路供给，采用电缆直埋引入变电所高压柜内。变电所内设一组柴油发电机作为备用电源，电压 380/220V。本设计属于三级负荷，对中断供电的时间要求不高，所以采用手动切到自备电源的方式。当电网停电时，手动切换入自备电源，保证不反馈入市网。系统中采用低压侧静电电容器集中补偿方式，集中补偿装置设置在用户总降压变电所的高压母线上。补偿前的功率因数为 0.7 左右，补偿后要求达到 0.9 以上。

（4）**接地**　室外沿四周设一组接地装置，要求接地实测电阻不大于 4Ω。变压器，发电机的工作接地，配电系统的 N 线、PE 线均应与接地装置可靠连接，其他不应带电的电气设备金属外壳，钢管，基础槽钢及角钢支架等均应与 PE 线可靠连接。

（5）**主要设备说明**　系统中采用了 SCL 型环氧树脂浇注干式变压器，本变压器为三相，空气自冷式，绕组为铝线或铝箔绕制，由环氧树脂浇注或浇注固化密封成一体，它具有良好的电气和机械性能，具有难燃，防尘，耐潮的特点。

技术指标：额定容量 250kVA，额定电压 10kV，外形尺寸 1330mm×650mm×1240mm（长×宽×高），轨距 550mm。

系统中采用一组 150kW 的柴油作为备用电源，型号为 150GFZ。

高压配电柜为 HXGN-10（N）型，低压配电屏为 PGL 型，无功补偿柜为 PGJ1-1，L-1，M11 配电箱为 XL-21 型，L-2，L-3，L-4 配电箱为 KZT 非标型。

（6）各负荷和继电保护装置　见表 2-10。

表 2-10　各负荷和继电保护装置

M11 配电箱	N1 回路断路器为 DPN 1P＋N-10A	L-4 配电箱	消防泵回路断路器为 NC100 4P-63
	N2 回路断路器为 DPN 1P＋N-10A		总断路器为 NC100H 4P-80
	N3 回路断路器为 DPN 1P＋N-10A	低压配电屏	P1 箱断路器为 DW15-630 400A
	N4，N5 回路断路器为 DPN 1P＋N-16A		P1 箱刀开关为 GHP-630 0-400A
	N7 回路断路器为 DPN 1P＋N-10A		P2 箱收费站回路断路器为 GM225 200A
	总断路器为 C45N 3P＋N-25A		P2 箱锅炉房配电站回路断路器为 GM225 200A
L-1 配电箱	M11 回路断路器为 C45N 3P＋N-32A		P2 箱通讯预留回路断路器选用 GM100 100A
	L-2 回路断路器为 C45AD 3P＋N-40A		P2 箱双电源手头开关为 GAS-400
	L-3 回路断路器为 C45AD 3P＋N-40A		P3 箱食堂回路断路器为 GM100 80A
	L-4 回路断路器为 NC100H 4P-100		P3 箱办公楼回路断路器为 GM100 80A
	深水井泵回路断路器为 C45AD 3P＋N-40A		P3 箱交警楼回路断路器为 GM100 80A
	生活给水泵断路器为 C45AD 3P＋N-16A		P3 箱车库回路断路器为 GM100 32A
L-2 配电箱	引风机回路断路器为 C45AD 3P＋N-32A		P3 箱灯回路断路器为 GM100 32A
	鼓风机回路断路器为 C45AD 3P＋N-16A		P3 箱污水处理回路断路器为 GM100 32A
	除渣机断路器为 C45AD 3P＋N-10A		P3 箱刀开关为 GHA-400
	炉排电机断路器为 C45AD 3P＋N-10A	高压配电柜	进线柜 HXGN-10（N）
	总的断路器选用 C45AD 3P＋N-32A		计量柜 HXGN-10（N）
L-3 配电箱	循环泵回路断路器为 C45AD 3P＋N-16		联络柜 HXGN-10（N）
	总断路器为 C45AD 3P＋N-25		电压互感器柜 HXGN-10（N）
			变压器柜 HXGN-10（N）

（7）系统工作过程

① 外部高压电源引入高压进线柜，进线柜具有避雷器和电源指示以及高压开关等功能。再经过高压计量柜主要有电压互感器和电流互感器回路及显示仪表、电源指示等。联络柜起连接作用，电压互感器柜作计量指示作用，变压器柜除接变压器输入外还有电流互感器电流显示及电源指示等。

② 高压电源经变压器变压后进入 P1 配电柜，P1 配电柜具有电流计量和开关断路功能。然后经母线接 P2、P3 配电柜，具体再分配关系详见图 2-43。F1～F16 为各配电箱标号。

需要说明的是，P2 柜有一路应急电源即自备发电机电源，来自 P5 柜，在停电应急情况下转换开关 GLZ-400 进行转换。各路所用导线型号截面、计算电流、设备容量等均有标出。

③ 图 2-44 为低压配电屏补偿电容及发电机供电部分，P4 柜为补偿电容器柜，补偿电容为三角形接法，做无功补偿之用。除 F18～F22 五路备用外 F17 接至 P2 柜。

④ 图 2-45 为低压配电箱系统图，分别反映出 L-1～L-4 四个配电箱的分配接线以及四个配电箱的型号。其中循环泵消防泵等功率较大的电机除有接触器控制外还有启动装置。各电动机电路均有热继电器做过载保护。

⑤ 图 2-46 为变电所平面布置图，分别反映各设备的位置接线及走向，还详细标出接线的型号，穿钢管直径，布线方式（一般为沿地面暗敷设）。

⑥ 图 2-47 为变电所接地平面图，分别标出接地体的技术参数，与各设备的连接等。

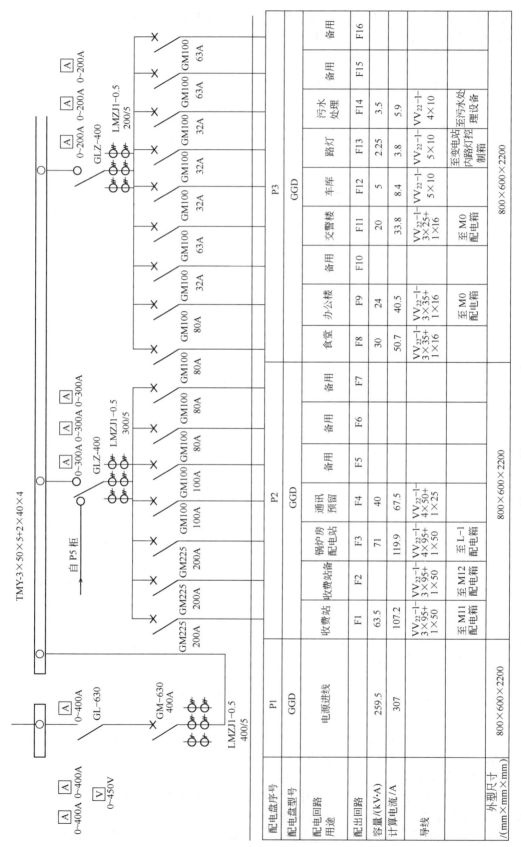

图 2-43　低压配电屏（系统图）

配电盘序号	P1																
配电盘型号	GGD																
配电回路用途	电源进线	收费站	收费站备	锅炉房配电站	通讯预留	备用	备用	备用	食堂	办公楼	备用	交警楼	车库	路灯	污水处理	备用	备用
配出回路		F1	F2	F3	F4	F5	F6	F7	F8	F9	F10	F11	F12	F13	F14	F15	F16
容量/(kV·A)	259.5	63.5		71	40				30	24		20	5	2.25	3.5		
计算电流/A	307	107.2		119.9	67.5				50.7	40.5		33.8	8.4	3.8	5.9		
导线		VV22-1-3×95+1×50	VV22-1-3×95+1×50	VV22-1-4×95+1×50	VV22-1-4×50+1×25				VV22-1-3×35+1×16	VV22-1-3×35+1×16		VV22-1-3×25+1×16	VV22-1-5×10	VV22-1-5×10	VV22-1-4×10		
		至 M11配电箱	至 M12配电箱	至 L-1配电箱					至 M0配电箱	至 M0配电箱		至 M0配电箱		至变电站内路灯控制箱	至变电站至污水处理设备		
外型尺寸/(mm×mm×mm)	800×600×2200			800×600×2200					800×600×2200			800×600×2200					
		P2 GGD							P3 GGD								

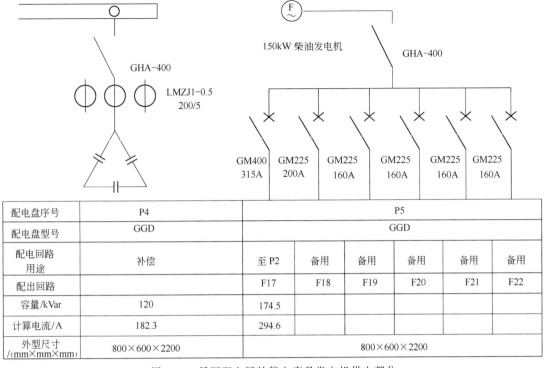

图 2-44　低压配电屏补偿电容及发电机供电部分

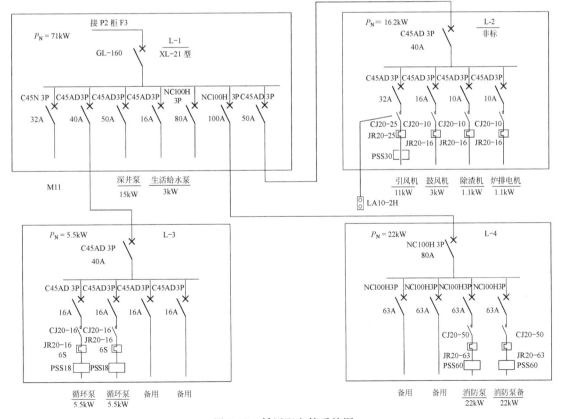

图 2-45　低压配电箱系统图

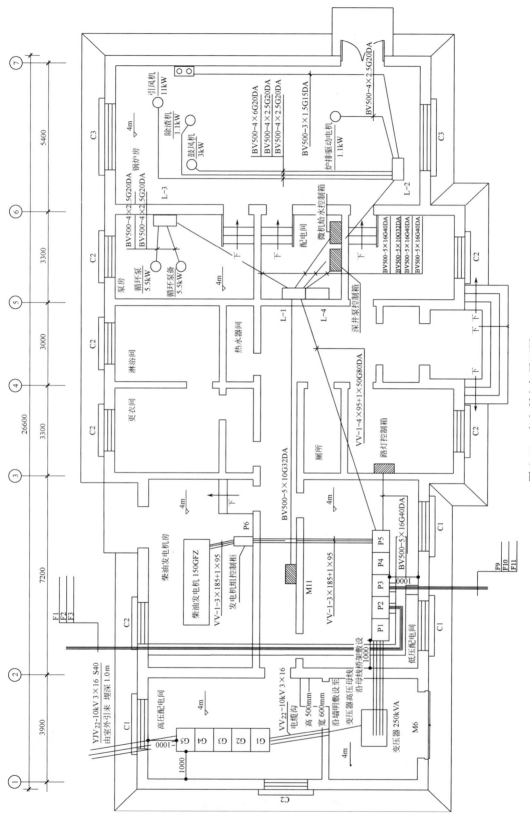

图 2-46 变电所电气平面图

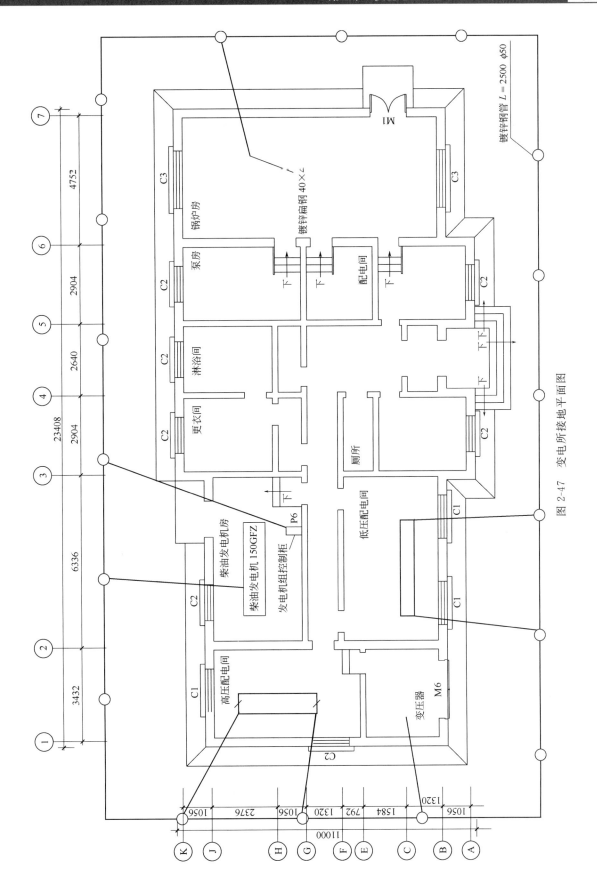

图 2-47 变电所接地平面图

第三章 动力系统基本知识及施工图的识读

第一节 动力系统电气工程图识读的基本概念

动力系统电气工程图是用图形符号、文字符号绘制的，用来概略表述建筑内动力系统的基本组成及相互关系的电气工程图纸，一般用单线绘制，它能够集中反映动力系统的计算电流、开关及熔断器、配电箱、导线或电缆的型号规格、保护套管管径与敷设方式、用电设备名称、容量及配电方式等。

一、动力系统图

低压动力配电系统的电压等级一般为380/220V中性点直接接地系统，低压配电系统的接线方式有三种形式：放射式、树干式、链式。

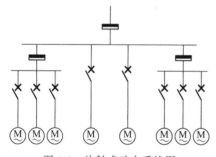

图3-1 放射式动力系统图

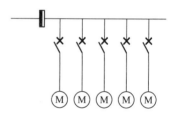

图3-2 树干式动力系统图

（1）放射式动力配电系统 图3-1所示为放射式动力配电系统图，当动力设备数量不多，容量大小差别较大，设备运行状态比较平稳时，可以采用放射式配电方案。主配电箱安装在容量较大的设备附近，分配电箱和控制开关与所控制的设备安装在一起。这样不仅能保证配电的可靠性，而且还能减少线路损耗和节省投资。

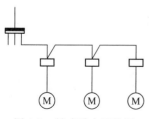

图3-3 链式动力系统图

（2）树干式动力配电系统 图3-2所示为树干式动力配电系统图，当动力设备分布比较均匀，设备容量差别不大且安装距离较近时，可以采用树干式动力系统配电方案。在高层建筑的配电系统设计中，垂直母线槽和插接式配电箱组成树干式配电系统，可以节省导线并提高供电的可靠性。

（3）链式动力配电系统 图3-3所示为链式动力配电系统图，当设备距离配电屏较远，设备容量比较小且相距比较近时，可以采用链式动力配电方案。由一条线路配电，先接至一台设备，然后再由这台设备接至邻近的动力设备，通常一条线路可以接 3～4 台设备，最多不超过 5 台，总功率不超过 10kW。链式动力配电系统的特性与树干式配电方案的特性相似，可以节省导线，但供电可靠性较差，一条线路出现故障，可影响多台设备的正常运行。

动力系统图表明配电系统的基本设计参数，如图 3-4 表明进线电缆型号为 VV₂₂-1kV，代表聚氯乙烯绝缘铠装铜芯电力电缆，1000V 耐压等级，总开关为 DZ20Y 空气断路开关，四极，额定电流为 150A，$3 \times 95 + 1 \times 50 + PE35$ 表明进线为三相五线制，3 根相线导线截面均为 $95mm^2$，中性线导线截面为 $50mm^2$，保护地 PE 线导线截面为 $35mm^2$。分支开关为 C45/3P 断路器，三极，整定电流分别为 50A、25A、20A，导线为 BV 聚氯乙烯绝缘铜芯导线，绝缘耐压等级为 500V，截面积分别为 $16mm^2$、$6mm^2$、$4mm^2$，启动设备为 FPCS 控制箱。电动机 4 台，分别为喷淋泵、消防泵、排风机和送风机，一个三相插座，额定电流为 15A。

图 3-4 动力系统图

二、照明配电系统图

照明配电系统有 380/220V 三相五线制（TT 系统、TN-S 系统）和 220V 单相两线制。在照明分支线中，一般采用单相供电，在照明总干线中，要采用三相五线制供电，并且要尽量把负荷均匀地分配到各线路上，以保证供电系统的三相平衡。根据照明系统接线方式的不同可以分为以下几种形式。

（1）单电源照明配电系统 照明线路与动力线路在母线上分开供电，事故照明线路与正常照明分开。单电源照明配电系统如图 3-5 所示。

（2）有备用电源的照明配电系统 照明线路与动力线路在母线上分开供电，事故照明线路由备用电源供电，如图 3-6 所示。

（3）多层建筑照明配电系统 多层建筑低压配电系统一般采用树干式供电，总配电箱设在底层，如图 3-7 所示。

三、动力平面图的标注方法

1. 动力配电平面图的用途和特点

动力配电平面图是假设将建筑物经过门、窗沿水平方向切开，移去上面部分后，人站在高处往下看，

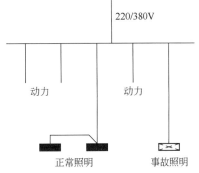

图 3-5 单电源照明配电系统

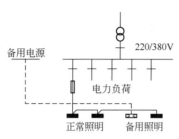

图 3-6　有备用电源的照明配电系统

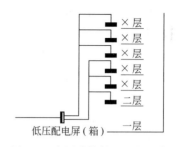

图 3-7　多层建筑低压配电系统

得到的建筑平面的基本结构及建筑物内配电设备、动力、照明设备等平面布置、线路走向等情况。绘图时，建筑结构的布置用细线标明其外部轮廓，一般是利用建筑结构施工图经过处理后得到，在此基础上再采用中实线来绘制电气部分内容。

动力配电平面图主要表示动力配电线路的敷设位置、敷设方式、导线规格型号、导线根数、穿保护套管管径等，同时还要标出各种用电设备及配电设备的数量、型号和相对位置等。

动力配电平面图的土建部分内容是完全按照比例绘制的，但电气部分的导线、设备等则不按比例绘制它们的形状和外形尺寸，而是采用图形符号加文字标注的方法绘制。导线和设备的垂直距离和空间位置一般也不用立面图表示，而是采用文字符号标注安装标高或附加必要的施工图设计说明来解决。

动力配电平面图虽然是系统预算和安装施工的重要依据，但一般平面图不反映线路和设备的具体安装方法和安装技术要求，具体施工时，必须参照相应的安装大样图和施工验收规范来进行。

2. 动力配电平面图图面标注

（1）线路的文字标注　动力配电线路在平面图上均用图线表示，在一根保护管内的导线，无论导线根数的多少，都可以使用一条图线表明走向，同时在图线上打上数根短斜线或打一根短斜线再标以数字，以说明导线的根数。在图线旁标注的文字符号称为直接标注，用以说明线路的用途、导线型号、规格、根数、线路敷设方式和敷设部位。直接标注的基本格式为：

$$a-b-(c \times d)-e-f$$

式中，a 为线路编号或线路用途的符号；b 为导线型号；c 为导线根数；d 为导线截面积，mm^2；e 为保护管管径，mm；f 为线路敷设方式和敷设部位。

线路标注要采用《国家标准电气制图、电气图形符号应用示例图册》（建筑电气分册）中规定的线路标注符号，见表 3-1。线路敷设方式文字符号见表 3-2，线路敷设部位文字符号见表 3-3，应用时使用表中的新符号，列出的旧符号仅供对照参考。

例如，$WP1-BV-(3 \times 50+1 \times 35)-K-WE$ 表示 1 号动力线路，导线型号为 BV（铜芯聚氯乙烯绝缘电线），共 4 根导线，其中 3 根导线的截面积分别为 $50mm^2$，另 1 根导线的截面积为 $35mm^2$，采用瓷瓶配线，沿墙明敷设。

（2）用电设备的文字标注　动力配电平面图中的用电设备均采用国家标准的图形符号表示，并在图形符号旁用文字标注说明其性能和特点。其标注格式一般为 $\dfrac{a}{b}$，其中 a 为设备编号；b 为额定功率，kW。

表 3-1 标注线路文字符号

序 号	中文名称	英文名称	旧符号	新符号	备 注
1	暗敷	Concealed	A	C	
2	明敷	Exposed	M	E	
3	铝皮线卡	Alnminum clip	QD	AL	
4	电缆桥架	Cable tray		CT	
5	金属软管	Flexible metallic conduit		F	
6	水煤气管	Gas tube（pipe）	G	G	
7	瓷绝缘子	Porcelain insulator（Knob）	CP	K	
8	钢索敷设	Supported by messenge wire	S	M	
9	金属线槽	Metrallic raceway		MR	
10	电线管	Electrical metallic tubing	DG	T	
11	塑料管	Plastic conduit	SG	P	
12	塑料线卡	Plastic clip	VJ	PL	含尼龙线卡
13	塑料线槽	Plastic raceway		PR	
14	钢管	Steel conduit	GG	S	

表 3-2 线路敷设方式文字符号

序 号	中文名称	英文名称	旧符号	新符号	备 注
1	梁	Beam	L	B	
2	顶棚	Ceiling	P	CE	
3	柱	Column	Z	C	
4	地面（板）	Floor	D	F	
5	构架	Rack		R	
6	吊顶	Suspended ceiling		SC	
7	墙	Wall	Q	W	

表 3-3 线路敷设部位文字符号

序 号	中文名称	英文名称	常用文字符号		
			单字母	双字母	三字母
1	控制线路	Control line		WC	
2	直流线路	Direct-current line		WD	
3	应急照明线路	Emergency lighting line		WE	WEL
4	电话线路	Telephone line		WF	
5	照明线路	Illuminating（lighting）line	W	WL	
6	电力线路	Power line		WP	
7	声道（广播）线路	Sound gate（Broadcasting）line		WS	
8	电视线路	TV. line		WV	
9	插座线路	Socket line		WX	

（3）动力配电设备的文字标注　动力配电箱的文字格式一般为 $a\dfrac{b}{c}$ 或 $a-b-c$，当需要标注引入线的规格时，其标注格式为：

$$a\frac{b-c}{d-(e\times f)-g}$$

式中，a 为设备编号；b 为设备型号；c 为设备功率，kW；d 为导线型号；e 为导线根数；f 为导线截面，mm^2；g 为导线敷设方式及敷设部位。

例如若标注为 $A_3\dfrac{XL\text{-}3\text{-}2-35}{BV-3\times 35G40-CE}$，表示 3 号动力配电箱，型号为 XL-3-2 型，功率为 35kW，配电箱进线为 3 根铜芯聚氯乙烯绝缘电线，其截面各为 $35mm^2$，穿直径为 40mm 的钢管，沿柱明设。

（4）开关、熔断器的文字标注

开关及熔断器也采取图形符号加文字标注，其文字标注的文字格式一般为 $a\dfrac{b}{c/i}$ 或 $a-b-c/i$，当需要标注引入线的规格时，其标注格式为：

$$a\frac{b-c/i}{d-(e\times f)-g}$$

式中，a 为设备编号；b 为设备型号；c 为额定电流，A；i 为整定电流，A；d 为导线型号；e 为导线根数；f 为导线截面，mm^2；g 为导线敷设方式。

例如若标注为 $Q_3\dfrac{HH_3\text{-}100/3-100/80}{BV-3\times 35G40-FC}$，表示 3 号开关设备，其型号为 HH_3-100/3，额定电流为 100A 的三极铁壳开关，开关内熔断器的容量为 80A，开关的进线采用 3 根截面分别为 $35mm^2$ 的聚氯乙烯绝缘铜芯导线，导线穿直径为 40mm 管埋地暗设。

第二节　动力配电系统图及平面图阅读方法

动力配电系统图和平面图是动力工程的主要图纸，是编制工程造价和施工方案，进行安装施工和运行维修的重要依据之一。由于动力配电平面图涉及的知识面较宽，在阅读动力系统图和平面图时，除要了解系统图和平面图的特点与绘制基本知识外，还要掌握一定的电工基本知识和施工基本知识。以下介绍阅读动力配电工程图相关的基本阅读方法。

一、读图一般方法

① 首先应阅读动力配电系统图。了解整个系统的基本组成，各设备之间的相互关系，对整个系统有一个全面了解。

② 阅读设计说明和图例。设计说明以文字形式描述设计的依据、相关参考资料以及图中无法表示或不易表示但又与施工有关的问题。图例中常表明图中采用的某些非标准图形符号。这些内容对正确阅读平面图是十分重要的。

③ 了解建筑物的基本情况，熟悉电气设备在建筑物内的分布与安装位置。关注电气设备的型号、规格、性能、特点以及对安装的技术要求。

④ 了解各支路的负荷分配和连接情况。在明确了电气设备的分布之后，进一步就要明确该设备是属于哪条支路的负荷，从而掌握它们之间的连接关系，进而确定其线路走向。一般可以从进线开始，经过配线箱后对每一条支路逐条支路阅读。

设备动力负荷一般为三相负荷，除了保护接线方式有区别外其主线路连接关系比较清楚。而照明配电负荷都是单相负荷，由于照明灯具的控制方式多种多样，加上施工配线方式的不同，对相线、零线、保护线的连接各有要求，所以其连接关系相对复杂。

⑤ 动力设备具体的安装方法一般不在平面图上直接给出，必须通过阅读安装大样图来解决，可以把阅读平面图和阅读安装大样图结合起来，以全面了解具体的施工方法。

⑥ 对照同建筑的其他专业的设备安装施工图综合读图。为避免建筑电气设备及电气线路与其他建筑设备及管路在安装时发生位置冲突，在阅读动力配电平面图时要对照其他建筑设备安装工程施工图纸，同时要了解相关设计规范要求。表 3-4 为电气线路与管道间最小距离表，电气线路设计施工时必须满足此表的规定要求。

表 3-4　电气线路与管道间最小间距　　　　　　　　　　　　　　　mm

管道名称	配线方式		穿管配线	绝缘导线的配线	裸导线配线
蒸汽管	平行	管道上	1000	1000	1500
		管道下	500	500	1500
	交叉		300	300	1500
暖气、热水管	平行	管道上	300	300	1500
		管道下	200	200	1500
	交叉		100	100	1500
通风、给排水及压缩空气管	平行		100	200	1500
	交叉		50	100	1500

注：1. 对蒸汽管道，当在管外包隔热层时，上下平行距离可减至 200mm。

2. 暖气管、热水管应设隔热层。

3. 对裸导线，应在裸导线处加装保护网。

二、阅读动力配电平面图应具备的相关知识

1. 室内配线方式

室内配线方式是指动力配电线路在建筑物内的安装方法，根据建筑物的结构和要求的不同，室内配电方式可以分为明配线和暗配线两大类。所谓明配线是指导线直接或穿保护管、线槽等敷设于墙壁、棚顶的表面及桁架等处；所谓暗配线是指导线穿管或线槽等敷设于墙壁、楼板、梁、柱、地面等处的内部。

在工业与民用建筑中采用较多的方式是线管配线。线管配线的做法是把绝缘导线穿入保护管内敷设。这种配线的特点是比较安全可靠，可以避免腐蚀性气体、液体的侵蚀，可以避免机械损伤，便于维修更换导线。穿管敷设使用的保护管有钢管（镀锌管）、塑料管（PVC）、普利卡金属套管等。

配管时要根据所穿导线的截面、导线根数及所采用的保护管的类型合理选定保护管直径。配管时应该根据管路的长度、弯头的多少和接线位置等实际情况在管路中间的适当位置设置接线盒或拉线盒。其设置原则如下。

（1）安装电器的位置应设置接线盒。

（2）线路分支处或导线规格改变处要设置拉线盒。

（3）水平敷设管路遇下列情况之一时，中间应增设接线盒或拉线盒，且接线盒或拉线盒的位置应便于穿线。

① 管子长度每超过 30m，无弯头。

② 管子长度每超过 20m，有 1 个弯头。

③ 管子长度每超过 15m，有 2 个弯头。

④ 管子长度每超过 8m，有 3 个弯头。

（4）垂直敷设的管路遇下列情况之一时，应增加固定导线的拉线盒。

① 导线截面 $50mm^2$ 及以下，长度每超过 30m。

② 导线截面 $70\sim95mm^2$，长度每超过 20m。

③ 导线截面 $120\sim240mm^2$，长度每超过 18m。

（5）管子穿过建筑物变形缝时应增设接线盒。穿管敷设时，管内穿线应符合以下规定。

① 穿管敷设的绝缘导线，其绝缘额定电压不能低于 500V。

② 管内所穿导线含绝缘层在内的总截面积不要大于管内径截面积的 40%。

③ 导线在管内不要有接头或扭结，接头应放在接线盒（箱）内。

④ 同一交流回路的导线应该穿在同一钢管内。

⑤ 不同回路、不同电压等级以及交流与直流回路，不得穿在同一管内，但下列几种情况或设计有特殊规定的除外。

a. 电压为 50V 及以下的回路。

b. 同一台设备的电机回路和无抗干扰要求的控制回路。

c. 照明花灯的所有回路。

d. 同类照明的几个回路，但管内导线的根数不能超过 8 根。

2. 常用绝缘导线

常用绝缘导线的种类按其绝缘材料划分为有橡皮绝缘线（BX、BLX）和聚氯乙烯绝缘线（BV、BLV），按其线芯材料划分铜芯线和铝芯线，建筑物内多采用聚氯乙烯绝缘线。常用绝缘导线的型号及用途参见表 3-5。目前建筑物配电中基本上不用铝芯导线。

表 3-5 常用绝缘导线的型号及用途

型 号	名 称	主 要 用 途
BV	铜芯聚氯乙烯绝缘电线	用于交流 500V 及直流 1000V 及以下的线路中，供穿钢管或 PVC 管，明敷或暗敷
BLV	铝芯聚氯乙烯绝缘电线	
BVV	铜芯聚氯乙烯绝缘聚氯乙烯护套电线	用于交流 500V 及直流 1000V 及以下的线路中，供沿墙、沿平顶、线卡明敷用
BLVV	铝芯聚氯乙烯绝缘聚氯乙烯护套电线	
BVR	铜芯聚氯乙烯软线	与 BV 同，安装要求柔软时使用
RV	铜芯聚氯乙烯绝缘软线	供交流 250V 及以下各种移动电器接线用，大部分用于电话、广播、火灾报警等，前三者常用 RVS 绞线
RVS	铜芯聚氯乙烯绝缘绞型软线	
BXF	铜芯氯丁橡皮绝缘线	具有良好的耐老化性和不延燃性，并具有一定的耐油、耐腐蚀性能，适用于户外敷设
BLXF	铝芯氯丁橡皮绝缘线	
BV-105	铜芯耐 105℃聚氯乙烯绝缘电线	供交流 500V 及直流 1000V 及以下电力、照明、电工仪表、电信电子设备等温度较高的场所使用
BLV-105	铝芯耐 105℃聚氯乙烯绝缘电线	
RV-105	铜芯耐 105℃聚氯乙烯绝缘软线	供 250V 及以下的移动式设备及温度较高的场所使用

3. 动力配电基本原则

动力配电主要表明用电设备型号、规格、安装位置；配电线路的敷设方式、路径、导线型号和根数、穿管类型及管径；动力配电箱型号、规格、安装位置与标高等。动力配电设计时要注意尽量将动力配电箱放置在负荷中心，具体安装位置应该便于操作和维护。

第三节　动力配电平面图阅读实例

图 3-8 为某住宅 1 个单元的配电系统图。该配电系统的结构为在配电室设有 AP1 配电柜，配电柜输入回路由变电所引入，配电柜输出两个回路分别进入 AL11 和 AL12 集中计量箱，再由计量箱各引出 11 个回路分别送到每层的用户分线箱。AL12 比 AL11 多出一个回路为楼梯照明供电。电梯电源为双路供电，在电梯机房设有双电源切换箱。以下具体介绍配电系统的接线关系。图 3-9 为配电柜的配电系统图。在配电系统的设计说明中有以下描述："本工程电源引自变电所，电压为 380/220V，本工程接地保护方式为 TN-C-S 方式，在电源入口处要做重复接地，由接地装置用直径为 12mm 的镀锌圆钢埋地引至总电源箱，总电源柜后工作零线（N）与保护地线（PE）分开，凡外露可导电部分的电气设备及所有带接地端子的插座等均应可靠接至 PE 线上。"

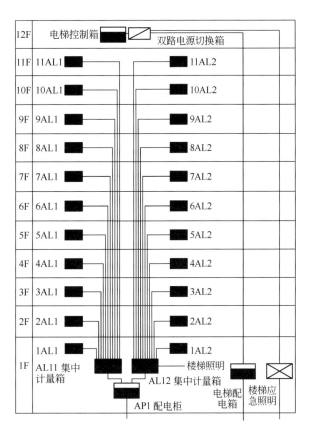

图 3-8　AP1 回路配电系统图

建筑配电平面图的阅读过程，一般按电源入户方向依次阅读，即进户线→配电箱（柜）→支路→支路上的用电设备。

1. 进户线及配电柜

图 3-9 中可见，本图所示 AP1 配电柜的电源由变电所引入，经隔离开关 GL-400A/3J 后分成两个支路输出，输出回路分别设断路器保护。输入回路导线为 4 芯截面各为 185mm² 的 VV$_{22}$-1kV 电力电缆，该电缆穿直径为 100mm 的钢管在自然地面 0.8m 之下引入配电室，按设计说明要求，在电源引入建筑物的入口处要做重复接地，并把接地装置用直径为 12mm 的镀锌圆钢埋地与总电源箱连接，在总电源柜后把工作零线（N）与保护地线（PE）分开，由此形成三相五线制输出。在整个建筑物内，除此连接点外，工作零线（N）与保护

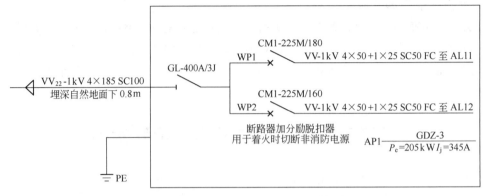

图 3-9　某住宅配电柜 AP1 配电系统图

地线（PE）不允许再连接，PE 线作为保护接地，凡外露可导电部分的电气设备及所有带接地端子的插座等均应可靠接至 PE 线上。图中隔离开关用于维修时起隔离保护作用，不允许带负载合闸或切断电源。WP1、WP2 为配线输出回路，断路器 CM1-225M 可以带负载合闸或切断电源。两个断路器 CM1-225M 的自动脱扣电流值根据实际负载计算电流的不同，分别被调定在 180A 和 160A，当对应回路的工作电流超过脱扣电流时，断路器会自动断开，以保护线路和设备的安全。本设计图中，断路器上加装分励脱扣器，可以在消防控制模块的控制下自动脱扣，用于火灾时切断该非消防电源。

WP1 和 WP2 回路分别导线采用 VV-1kV 4×50＋1×25 的电缆，穿直径 50mm 的钢管沿地面下引至 AL11 和 AL12 集中计量箱。电缆的 4 根 50mm² 导线分别对应 3 条相线和中性接地线 N 线，1 条 25mm² 的导线为安全接地 PE 线。在接线图中可以看出该配电柜的编号（AP1）、型号（GDZ-3）、额定功率（205kW）和计算电流（345A）。

2. 集中计量箱

图 3-10 为 AL11 集中计量箱接线图，计量箱型号为 MJJG-11，总用电负荷为 112kW，计算电流为 189A，进线回路来自 AP1 配电柜的 WP1 回路，图中进线回路的导线标注与图 3-9 对应回路的标注一致。计量箱外壳要做安全接地。在计量箱的进线回路设有 CM1-225M 断路器，脱扣电流调定在 160A，比 AP1 配电柜中该回路断路器的脱扣电流小 20A，确保继电保护动作顺序由低到高进行，即当出现过负荷情况时，下级断路器首先动作保护，当下级继电保护失效时，上级保护才动作，以保护整个配电系统的安全运行。计量箱中每个输出回路接至一个用户分配箱，1～10 层输出回路中，每个回路除了功率计量表外，还设有一个 S252S-B40 两极断路器，其额定脱扣电流为 40A。每个输出回路导线类型及布线方式为 BV-500 3×10 SC20 WC，即采用 3 根截面为 10mm² 耐压 500V 的聚氯乙烯绝缘单芯铜线，穿直径为 20mm 的钢管沿墙暗设。11 层回路因为负载比其他回路的负载大，所以断路器、导线及穿管直径都比其他回路的大，图中标注为 S252S-B63、BV-500 3×16 SC25，各参数定义参照其他回路的参数说明。WC 计量箱中把各个输出回路的负载比较均匀地分配到了三相电源上。其中 8～11 层接在 U（L1）相上，4～7 层接在 V（L2）相上，1～3 层接在 W（L3）相上。

在 AP1 回路配电系统图中，AL12 集中计量箱接线图与 AL11 集中计量箱基本相同，差别仅在于总负荷比 AL11 的总负荷小，总负荷为 93kW，计算电流为 157A。计量箱输入回路的断路器的脱扣电流为 125A，也小于对应配电柜对应回路 160A 的脱扣电流。另外增加

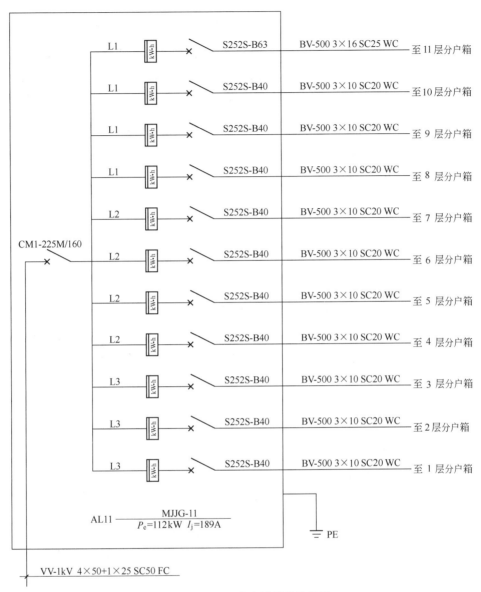

L1 ─ kW·h ─×─ S252S-B63 ─ BV-500 3×16 SC25 WC ── 至 11 层分户箱

L1 ─ kW·h ─×─ S252S-B40 ─ BV-500 3×10 SC20 WC ── 至 10 层分户箱

L1 ─ kW·h ─×─ S252S-B40 ─ BV-500 3×10 SC20 WC ── 至 9 层分户箱

L1 ─ kW·h ─×─ S252S-B40 ─ BV-500 3×10 SC20 WC ── 至 8 层分户箱

L2 ─ kW·h ─×─ S252S-B40 ─ BV-500 3×10 SC20 WC ── 至 7 层分户箱

CM1-225M/160 ─ L2 ─ kW·h ─×─ S252S-B40 ─ BV-500 3×10 SC20 WC ── 至 6 层分户箱

L2 ─ kW·h ─×─ S252S-B40 ─ BV-500 3×10 SC20 WC ── 至 5 层分户箱

L2 ─ kW·h ─×─ S252S-B40 ─ BV-500 3×10 SC20 WC ── 至 4 层分户箱

L3 ─ kW·h ─×─ S252S-B40 ─ BV-500 3×10 SC20 WC ── 至 3 层分户箱

L3 ─ kW·h ─×─ S252S-B40 ─ BV-500 3×10 SC20 WC ── 至 2 层分户箱

L3 ─ kW·h ─×─ S252S-B40 ─ BV-500 3×10 SC20 WC ── 至 1 层分户箱

$$\text{AL11} \quad \frac{\text{MJJG-11}}{P_e=112\text{kW} \quad I_j=189\text{A}}$$

PE

VV-1kV 4×50+1×25 SC50 FC

图 3-10　AL11 集中计量箱接线图

一个楼道照明回路，因此其型号改为 MJJG-12。照明回路的断路器型号为 S252S-B10，导线为 BV-500 2×2.5 SC15。

3. 用户分户箱

据住宅面积和档次的不同，可以为用户提供不同大小的供电负荷。本例中的用电负荷分为 8kW、10kW 和 18kW 三种不同负荷等级，其中 18kW 负荷为阁楼用户供电，10kW 负荷为建筑面积较大的用户供电。图 3-11 为 10kW 分户箱系统接线图。图中可以看出，进线回路导线为 3 根截面积为 10mm^2，耐压 500V 的聚氯乙烯绝缘单芯铜导线，穿直径 25mm 钢管引入，分户箱的机壳要做安全接地，设有高低两级断路器保护，每个输出支路的断路器脱扣电路设定 16A，总回路脱扣电流设定为 40A。照明和壁挂式空调回路没有设置漏电流保护器，而一般插座、卫生间插座、厨房插座和落地空调机插座回路共同使用一个漏电保护器。漏电保护器的型号为 DS252S-B40/0.03，漏电流达到 30mA 时，漏电保护器会自动脱扣，对

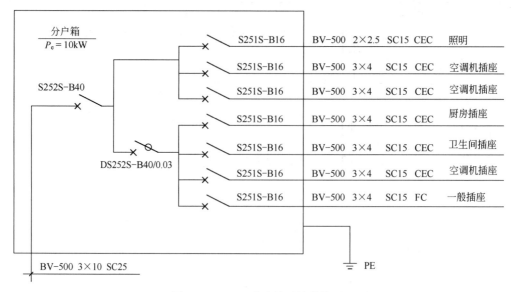

图 3-11　10kW 分户箱系统接线图

人员进行保护。8kW 分户箱与 10kW 分户箱基本相同，不再赘述。图 3-12 为 18kW 分户箱系统图，因为该分户箱适用于带阁楼的住宅，实际上为相互级连的两个分户箱。主分户箱功率为 12kW，子分户箱功率为 6kW。主分户箱的输出回路设置与 10kW 分户箱基本相同，只是在主分户箱中增加一个回路为子分户箱配电，该配电回路的导线为 3 根 10mm² 聚氯乙烯绝缘铜线，穿直径为 20mm 的保护管引至子分户箱。子分户箱也设高低两极断路器保护，照明和壁挂式空调不加漏电保护器，而卫生间插座、一般插座和落地式空调插座回路加有漏

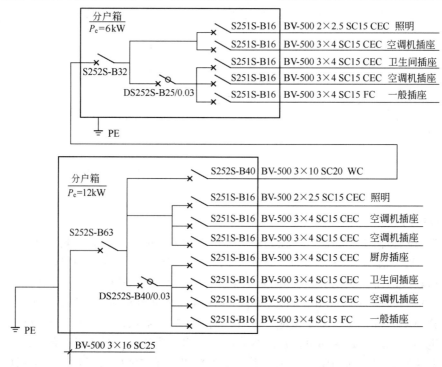

图 3-12　18kW 分户箱系统图

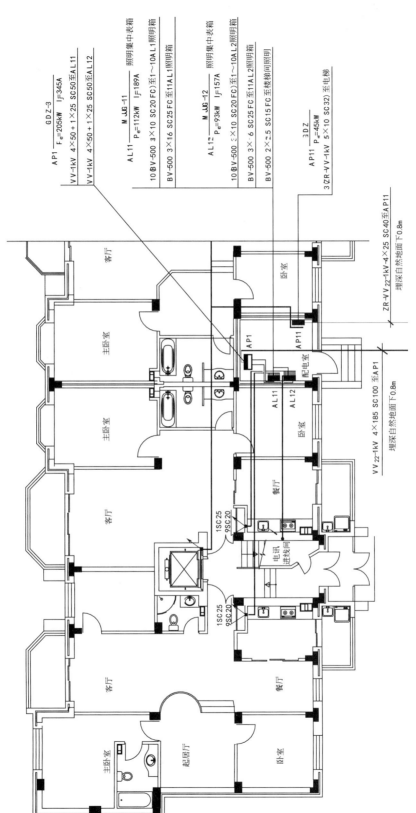

图 3-13 1层动力配电平面图（局部）

电保护器。漏电保护器的动作电流为30mA。

图3-13为1层动力配电平面图（局部）。由动力平面图可以看到AP1动力配电柜的电源的进线位置以及电缆型号（VV_{22}-1kV）、导线规格（$4\times185mm^2$）、穿管尺寸（SC100）和埋地深度（$-0.8m$）。在动力配电图上也可以看出配电柜的编号（AP1）、型号（GDZ-3）、总功率（205kW）和计算电流（345A），同时可以看出AP1配电柜的两个输出回路的导线型号规格（VV-1kV）、导线截面（$4\times50+1\times25$）和穿保护管直径尺寸（SC50）等信息，以及两个输出回路的负载编号（AL11、AL12）等。

AL11、AL12为照明集中计量箱，AL11总功率为112kW，计算电流为189A，共有11个输出回路，其中有10个回路相同，标为10（BV-500 3×10 SC20 FC）分别引至1～10AL1分户箱，即共有10根直径20mm的钢管沿地面下敷设，每根保护管穿3根$10mm^2$的聚氯乙烯单芯铜质绝缘导线引出，另外一个输出回路为BV-500 3×16 SC25 FC引至11AL1分户箱。各符号含义同前述。该11个输出回路沿地面引至一单元电井处，除了1AL1作为本层的动力配电直接进入一层的分户箱外（本图未画出），其余10个回路沿立管向上引出。图中标注为1SC25、9SC20，即1根直径25mm钢管和9根直径20mm钢管。AL12与AL11基本相同，只是增加了一个楼道照明回路，该照明回路单独引到一单元楼梯间，为照明线路供电。

从图3-13还可以看出，配电柜AP11为电梯配电柜，其型号为GDZ，输入回路的导线类型为ZR-VV_{22}-1kV-4×25 SC32，即耐压1000V的阻燃4芯电缆，电缆每芯截面为$25mm^2$，穿直径为32mm，埋地下0.8m引入。AP11配电柜输出有3个回路，总功率为45kW，输出回梯电机供电。因为路导线信号为3（ZR-VV-1kV 5×10 SC32），即3根同样的5芯阻燃电缆分别为3台15kW电梯供电机供电。因为本图为1层动力配电平面图的一部分，只在一单元电梯井侧看到一个向上的箭头，表明导线沿箭头方向向上引出。

图3-14为2～11层动力配电平面图。因为各楼层的分户箱供电都沿电井向上引入，每层都有一个回路被引入分线箱，不再向上引出，楼上各回路将穿过本层继续向上引出。图中用向上的两个箭头表明导线由楼下引来又向上引去。

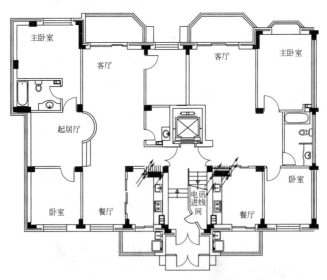

图3-14　2～11层动力配电平面图

第四章

照明工程基本知识及施工图的识读

电气照明工程是建筑电气中的重要组成部分，楼宇建筑的照明可以起到画龙点睛的作用，美观舒适的照明使现代建筑温馨和谐，这些都离不开合理的照明电气设计和工程施工，充分理解和掌握照明电气施工图中的各种技术标准以及通用施工图的特点是非常重要的。我们从基本知识入手进一步掌握电气照明工程施工图的识读。

第一节 照明工程基本知识

一、照明电光源

1. 白炽灯

白炽灯是由钨丝、玻璃泡、灯头支架和填充气体等构成，是以灯丝通电加热到白炽状态而发光的一种热辐射光源（见图 4-1）。普通白炽灯点燃后随着灯丝温度的上升长时间的工作，钨丝逐渐蒸发变细，灯泡壳发黑，发光效率降低，灯丝细到一定程度就会熔断，因此寿命相对较低。为抑制灯丝上的钨蒸发一般先抽成真空，再充以一定比例的氮氩混合气体。此外点燃瞬间电流较大，对灯丝有冲击作用也是影响其寿命的原因。因为其为热辐射光源，大量的热能变成不可见的红外线白白浪费所以发光效率较低。白炽灯的优点是结构简单，造价低，显色性好，无其他附件，无频闪现象，使用时受环境影响小等。常见普通白炽灯的光电参数见表 4-1。

图 4-1 白炽灯

表 4-1 常见普通白炽灯的光电参数

光源型号	电压/V	功率	初始光通量/lm	平均寿命/h	灯头型号
PZ220—15		15	110		E27 或 B22
PZ220—25		25	220		
PZ220—40		40	350		
PZ220—100		100	1250		E40/45
PZ220—500		500	8300		
PZ220—36	220	36	350	1000	E27 或 B22
PZ220—60		60	715		
PZ220—100		100	1350		
PZM220—15		15	107		E27 或 B22
PZM220—40		40	340		
PZM220—60		60	611		
PZM220—100		100	1212		

光源型号	电压/V	功率	初始光通量/lm	平均寿命/h	灯头型号
PZQ220—40		40	345		
PZQ220—60	220	60	620	1000	E27
PZQ220—100		100	1240		
JZS—40	36	40	550		E27
JZS—60		60	880		

注：PZ指普通白炽灯泡；PZS指双螺旋普通白炽灯泡；PZQ指球形普通白炽灯泡；JZS指双螺旋低压36V普通白炽灯泡。

2. 卤钨灯

卤钨灯原理上与白炽灯相同，但在结构上与白炽灯有较大的不同（见图4-2）。卤钨灯

图4-2　卤钨灯

在灯的泡壳内充以卤族元素如碘钨灯和溴钨灯等，卤钨灯有单端和双端之分。卤钨灯主要是利用卤钨循环的原理，所谓卤钨循环是指当灯泡工作时，从灯丝蒸发出来的钨与在灯泡壁区域内的卤素化合，形成一种挥发性的卤钨化合物。卤钨化合物在灯泡中扩散运动，当扩散到较热的灯丝周围区域时，在高温的作用下分解成卤素和钨，释放出来的钨沉积在灯丝上，而卤素继续扩散和与钨化合，形成卤钨循环。由于卤钨循环抑制了钨的蒸发，延长了灯丝的寿命，同时可以进一步提高灯丝的温度，获得较高的光效，并防止玻壳发黑防止光通衰减。常见卤钨灯电光参数见表4-2。

表4-2　常见卤钨灯电光参数

型号	电压/V	功率/W	光通量/lm	平均寿命/h	色温/K	主要尺寸/mm	
						最大直径 D	全长 L
LZG220/110-200	220/110	200	2800	800	2800		141.0
LZG220/110-300	220/110	300	4000	800	2800		141.0
LZG220/110-500	220/110	500	7480	800	2850	12.0	141.0
LZG220/110-1000	220/110	1000	17600	1500	2850		277.5
LZG220/110-1500	220/110	1500	28000	1500	2850		277.5
LZG220/110-2000	220/110	2000	37000	1000	2850		277.5

注：LZG为双端卤钨灯，使用时注意保持水平，避免振动。

3. 荧光灯

荧光灯是低气压汞蒸气弧光放电灯，主要由放电产生紫外辐射激发荧光粉而发光，因此称为荧光灯。荧光灯主要由灯管和电极组成，灯管内壁涂有荧光粉，将灯管内的气体抽成真空后加入一定量的汞和氩、氖、氪等气体。荧光灯的电极一般由钨丝绕成螺旋形状，并涂以发射物质，在弧光放电后高温电弧激发汞蒸气，辐射出紫外线，紫外线照射灯管内壁的荧光粉，发出可见光。荧光灯可以利用荧光粉的不同的化学成分改变光色，一般有日光色、暖白色、白色、蓝色、黄色、绿色、粉色等。常见的荧光灯多为直管型，此外还有环形、紧凑型等。荧光灯的特点是光效高，寿命长，光谱接近日光（常称为日光灯），显色性好，表面亮度低，眩光影响小。荧光灯的缺点是采用电感式镇流器功率因数较低，有频闪效应，但采用电子镇流器荧光灯工作在高频状态，这些状况可以改善。荧光灯广泛地应用于图书馆、家庭、学校、商店、办公室以及显色性要求较高的场所。异型荧光灯（环形、U形、紧凑型

等）彩色荧光灯常用于装饰照明。常见荧光灯电光参数见表4-3。

表4-3 常见荧光灯电光参数

类 型		型 号	电压/V	功率/W	光通量/lm	平均寿命/h	灯管直径×长度(ϕ×L)/mm
直管形		YZ8RR		8	250	1500	16×302.4
		15RR		15	450	3000	26×451.6
		20RR		20	775	3000	26×640
		32RR		32	1295	5000	26×908.8
		40RR		40	2000	5000	26×1213.6
环形		YH22①	220	22	1000	5000	
		22RR		22	780	2000	
单端内启动型	H 形	YDN5—H		5	235	5000	27×104
		YDN7—H		7	400	5000	27×135
		YDN11—H		11	900	5000	27×234
	2D 形	YDN16—2D		16	1050	5000	138×141×27.5

① 该规格为三基色荧光灯。

4. 低压钠灯

低压钠灯是基于在低压气体钠蒸气放电中钠原子被激发而发光的原理制成的，是以波长为589nm的黄色光为主体，在这一谱线范围内人眼的光谱光效率很高，所以其光效可达150lm/W以上。低压钠灯是由抗钠玻璃制成的圆管外套内加入钠和氖氩混合气体，启动需要有开路电压较高的漏磁变压器进行直接启动，稳定时间需要10min左右，灯管寿命达2000~5000h。低压钠灯显色性很差，不宜作为室内照明光源，但黄光透雾性好，多用于道路照明。低压钠灯规格参数见表4-4。

表4-4 低压钠灯规格参数

型号	额定功率/W	电压/V	工作电流/A	工作电压/V	光通量/lm	外形尺寸/mm		灯头型号
						直径 D	全长 L	
ND18	18		0.6	70	1800		216	
ND35	35		0.6	70	4800	54	311	
ND55	55	220	0.59	109	8000		425	BY22d
ND90	90		0.94	112	12500		528	
ND135	135		0.95	164	21500	68	775	
ND180	180		0.91	240	31500		1120	

5. 高压钠灯

为改善低压钠灯的单一黄光，采用提高钠蒸气压力的方法，发展成高压钠灯。高压钠灯充以少量的汞以及少量稀有气体，主要为黄、红谱线，光色呈金白色，光效为117lm/W。高压钠灯的寿命很长，可达5000h左右。高压钠灯的启动主要有外触发和内触发两种，与专用镇流器的配合下在产生数千伏高压点燃电极，开始时通过氙气和汞放电，随后向钠蒸气放电转移。钠灯接线图见图4-3。高压钠灯光效接近于低压钠灯，光色优于低压钠灯，

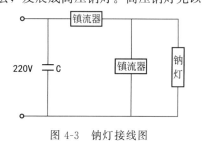

图4-3 钠灯接线图

体积小、功率密度高、紫外线辐射少、寿命长，属节能型光源，但光色偏黄显色性较差。一般应用于高大厂房、车站、广场，因其透雾性好常用于道路照明。高压钠灯使用注意的问题是，电压波动对灯的影响较大，电压升高易使灯自行熄灭，电压降低光通降低光色变坏，而且启动时间较长，一般需 10~20min。高压钠灯不宜频繁开启和关闭，否则会影响其使用寿命。快启动内触发高压钠灯规格参数见表 4-5。

表 4-5　快启动内触发高压钠灯规格参数

型号	电压 /V	光通量 /lm	平均寿命 /h	灯头型号	主要尺寸/mm		玻壳型号
					全长 L	直径 D	
NG100T-N		6800	12000	E27	180	39	
NG110T-N		8000	12000	E27	180	39	
NG150T-N		12800	20000	E27	180	39	
NG215T-N	220	19200	20000	E40	252	47	T
NG250T-N		23300	20000	E40	252	47	
NG360T-N		32600	20000	E40	280	47	
NG400T-N		39200	20000	E40	280	47	
NG1000T-N		96200	20000	E40	375	62	

6. 高压汞灯

荧光高压汞灯的结构有耐高温耐高压的透明石英玻璃做的放电管、外泡壳和电极，放电管内除充汞外还充以氩气以降低启动电压和保护电极。外泡壳有保持放电管温度和防止金属部件氧化的作用，还涂有荧光粉，使紫外线照射后产生可见光。高压汞灯所发射的光谱包括线光谱和连续光谱，光色偏蓝绿色，缺乏红色成分。与日光差别较大，显色性差，一般较少用于室内照明。发光效率高，一般可达 50~60lm/W，寿命较长，可达到 5000h 左右，但启动时间较长，约需 5~10min，不宜频繁启动和关闭，否则将影响使用寿命。

7. 金属卤化物灯

金属卤化物灯的结构与高压汞灯相似，只是在放电管中除充以汞和惰性气体外还充以卤化物，卤化物是碘或溴与锡、钠、铊、铟、镝、钍、铥等金属的化合物。在灯泡的正常工作状态下，被电子激发的是金属原子，而不是汞原子，发出的是与天然光谱相近的可见光。金卤灯的发光效率约为 65~106lm/W。金属卤化物灯具有发光体积小、亮度高、重量轻、光色接近太阳光、显色性好、发光效率高等特点，被广泛地应用于体育馆、车站、广场、体育场、码头等需要大面积照明的场所。金属卤化物灯型号及参数见表 4-6。

8. 氙灯

氙灯是利用高压气放电产生强光的电光源，其光色接近日光，显色性好，发光效率较高，氙灯按电弧长短分为长弧氙灯和短弧氙灯，其功率都较大。长弧氙灯适用于车站、广场、机场、港口等大面积照明，因光色好被人们称为人造小太阳。短弧氙灯光色更好，光谱更连续。氙灯的寿命为 1000h 左右，发光效率达 22~50lm/W。氙灯功率大、体积小，是目前世界上功率最大的光源，甚至可达几十万瓦，氙灯不用镇流器，灯管可直接接在市电网络上，功率因数接近于 1，使用方便，节省电工材料。氙灯紫外线辐射较大，用作一般照明时，要加滤光玻璃，以防止对人的伤害。氙灯的悬挂高度在灯管为 3000W 时不低于 25m，当 2000W 时不低于 20m，当为 1000W 时，不低于 12m。长弧氙灯的技术数据见表 4-7。

表 4-6 金属卤化物灯型号及参数

型号	电压/V	功率/W	光通量/lm	平均寿命/h	灯头型号
ZJD175		175	14000	10000	
ZJD250		250	20500	10000	
ZJD400		400	34000	10000	
ZJD175V(绿)	220	175	11000	2000	E40
ZJD250(蓝)		250	15000	2000	
ZJD400(红)		400	20000	3000	
ZJD400ZI(紫)		400	10000	3000	
DDQ1800(镝灯)	380	1800	1260000	1000	

表 4-7 长弧氙灯的技术数据

灯管型号	电源电压/V	功率/W	工作电流/A	光通量/lm	主要尺寸/mm		平均寿命/h
					全长	直径	
XG-1500		1500	20	30000	350	22	1000
XG-3000		3000	14	60000	720±10	15±1	
XG-6000	约220	6000	27	120000	1070±10	19±1	500
XG-10000		10000	46	250000	1420±30	25±1	1000
XG-20000		20000	91	540000	1700±30	38±1	
XSG-6000(水冷)		6000	27	120000	425±9	9±4	500

9. 霓虹灯

霓虹灯是一种辉光放电光源，是用细长、内壁涂有荧光粉的玻璃管，管径在 5~45mm 之间，常见为 6~20mm。灯管抽成真空后充入氖、氩、氦等惰性气体中的一种或多种，还可充以少量的汞。灯管玻璃可以是无色的也可以是彩色的，根据充入的气体和荧光粉以及玻璃的颜色可以得到多种不同光色的霓虹灯。霓虹灯的光色与充入气体以及玻璃管颜色的关系见表 4-8。

表 4-8 霓虹灯色彩与管内气体、玻璃管颜色和荧光粉的关系

光色	管内气体种类	玻璃管颜色	有无荧光粉
红色		无色	
橘红色	氖	绿色	
玻璃色		蓝色	
火黄色		奶黄色	
淡玫瑰色		淡玫瑰色	无
玉色		玉色	
绿色		绿色	
蓝色	氩、少量汞	蓝色	
白色		白色	
黄色		黄色	
金黄色		金黄色	
淡绿色		无色	有
淡红色	氖、氩、少量汞	无色	
淡红色	氦	无色	无
金黄色		黄色	

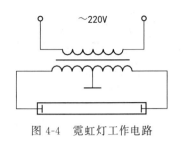

图 4-4　霓虹灯工作电路

霓虹灯工作时需要用漏磁变压器作为启动器。漏磁变压器的开路电压约为数千伏，高电压击穿电极间气体后辉光放电，启动结束后漏磁变压器又起到镇流的作用。如图 4-4 所示。

10. 发光二极管（LED 灯）

发光二极管（LED 灯）的发光原理是对二极管 P-N 结加正向电压时，N 区的电子越过 P-N 结向 P 区注入，与 P 区的空穴复合，将能量以光子的形式释放。发光二极管具有体积小、重量轻、耗电省、寿命长、亮度高、响应快的特点，但目前还存在光通量较低的缺点，无法应用在正常照明中，虽然如此，发光二极管（LED 灯）可以应用在装饰照明和信号灯等方面，通过将大量发光二极管（LED 灯）组合后能够产生较好的效果，如电子显示屏、美观装饰、道路信号灯等，通过工艺改进目前已有可用于照明的发光二极管（LED 灯）面世。

二、照明灯具

灯具的作用是把光源发出的光线按需要重新加以分配，保护电光源和改善电光源的光通分布，防止眩光，更有利于获得较好的照明效果。灯具主要包括除光源外所有用于固定和保护光源的全部零部件，以及与电源连接所必需的线路附件。

灯具的分类主要有以下几种。

（1）直接型灯具　直接型灯具属敞口式灯具，其灯罩是不透明的，90％以上的光是向下输出的，光源效率较高，其光强分布还可分为窄配光、中配光、宽配光三种。

（2）半直接灯具　这类灯具 60％～90％射向下半球空间，少部分射向天棚或上部墙壁等上半球空间，向上射的分量将减少影子的硬度并改善室内各表面的亮度比，半直接灯具一般采用半透明灯罩。

（3）漫射型灯具　采用各种形状的漫透射灯罩，如乳白玻璃球形灯罩等，可以显著减少眩光但发光效率降低。

（4）间接型灯具　灯具小部分光通（10％以下）向下，其他大部分光通向上照射，利用天棚作为反射器使整个天棚成为照明光源，达到柔和无阴影的效果，但其光通利用率较低。

（5）半间接灯具　上面敞口或半透明罩的灯具属于此类，使顶棚获得适当的照度减少顶棚阴影，增加了室内的间接光，光线更为柔和宜人。

灯具的种类较多，有筒形灯具，可安装白炽灯、节能灯等，金属隔栅灯具主要安装直管型荧光灯，其材料用得较多的是亚光铝合金，反射率较高可提高灯具效率和降低眩光。此外还有各种类型的磨砂玻璃或有机材料的吸顶式或悬挂式灯具、泛光照明用投光用灯具等。

照明灯具的选型应考虑灯具的美观实用、与建筑特点及照明的类型相协调一致，合理地选择灯具的光强分布、遮光角、造型尺寸外观等。

三、照明线路

照明施工图中的照明线路识读是了解电气施工图的重要方面。常用的照明控制线路及导线标注方式有以下几种基本形式。

1. 导线及开关的标注及控制方式

（1）单个开关控制一盏灯方式（见图4-5）

（2）单个开关控制多盏灯方式（见图4-6）

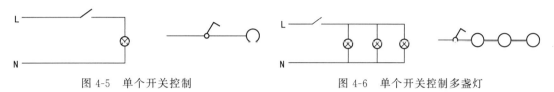

图 4-5　单个开关控制　　　　　　　　　　图 4-6　单个开关控制多盏灯

（3）多个开关控制多盏灯方式（见图4-7）　从原理图中可以看出从开关发出的导线数为灯数加1，以后逐级减少最末端的灯剩2根导线。

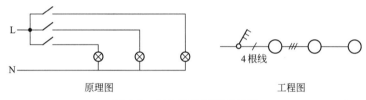

原理图　　　　　　　　　　　　　　工程图

图 4-7　多个开关控制多盏灯

（4）多个开关控制多盏灯方式工程图示例　一般零线可以公用，但开关则需要分开控制，进线用一根火线分开后则有几个开关再加几根线因此开关回路是开关数加1。图4-8中（a）为建筑电气图，（b）为电路图，虚线所示即为图中描述的导线根数。

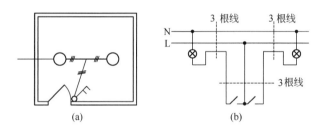

(a)　　　　　　　　　　　　　(b)

图 4-8　多个开关控制多盏灯方式工程图示例

（5）两个双控开关控制一盏灯线路方式（见图4-9）　两地控制常见楼上楼下或较长的走廊采用两地控制使控制比较方便，避免上楼后再下楼关闭照明灯，或在长廊反复来回关闭所造成的不方便或电能的浪费。电路中要使用双控开关，开关电路应接在相线上，当开关同时接在上或下即接通电路，只要开关位置不同即使电路断开。

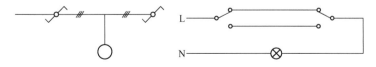

图 4-9　两个双控开关控制一盏灯线路方式

（6）三地控制的电路方式（见图4-10）　三地控制线路与两地控制的区别是比两地控制又增加了一个双位开关，通过位置0和1的转换（相当于使两线交换）实现三地控制。

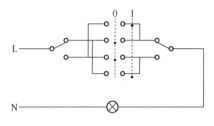

图 4-10　三地控制的电路图

实际工程中零线不能进开关，因此一般电源都是先到灯具，再从灯具引出火线到开关。见图 4-11 和图 4-12。

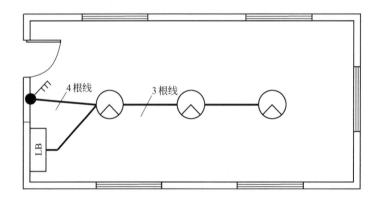

图 4-11　三极开关控制三盏灯工程图

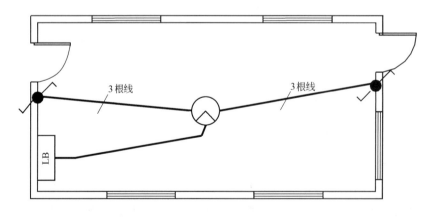

图 4-12　双控开关控制一盏灯工程图

2. 照明线路技术参数的标注

主要有照明配电箱的技术数据以及导线的技术数据和敷设方式等，导线的技术参数标注与配电系统类似，照明配电箱数据以及实例见照明配电箱部分。

四、照明配电箱

照明配电箱的功能主要是设置开关和连接系统控制配电线路，具有控制和保护功能。照明配电箱型号用 XM 表示，具体还可以加入其他特征文字符号，常用照明配电系统的接线见表 4-9。常用标准配电箱参数见表 4-10。

表 4-9 常用照明配电系统接线示意图

序号	供电方式	照明配电系统接线示意图	方案说明
1	单台变压器系统		照明与电力负荷在母线上分开供电，疏散照明线路与正常照明线路分开
2	一台变压器及一路备用电源线系统		照明与电力负荷在母线上分开供电，暂时继续工作的备用照明由备用电源供电
3	一台变压器及蓄电池组系统		照明与电力负荷在母线分开供电，暂时继续工作的备用照明由蓄电池组供电
4	两台变压器系统		照明与电力负荷在母线上分开供电，正常照明和应急照明由不同变压器供电

续表

序号	供电方式	照明配电系统接线示意图	方案说明
5	变压器-干线（一台）系统	220/380V 正常照明 电力负荷	对外无低压联络线时,正常照明电源接自干线总断路器之前
6	变压器-干线（两台）系统	电力干线 电力干线 正常照明 应急照明	两段干线间设联络断路器,照明电源接自变压器低压总开关的后侧,当一台变压器停电时,通过联络开关接到另一段干线上,应急照明由两段干线交叉供电
7	由外部线路供电系统（2路电源）	1 电源线 2 电力 正常照明 疏散照明	适用于不设变电所的重要或较大的建筑物,几个建筑物的正常照明可共用一路电源线,但每个建筑物进线处应装带保护的总断路器
8	由外部线路供电系统（1路电源）	电源线 正常照明 电力	适用于次要的或较小的建筑物,照明接于电力配电箱总断路器前
9	多层建筑低压供电系统	六层 五层 四层 三层 二层 低压配电屏（箱）	在多层建筑内,一般采用干线式供电,总配电箱装在底层

表 4-10 常用标准配电箱

型号	安装方式	箱内主要元件	备 注
XM-34-2	嵌入,半嵌,悬挂	DZ12 型断路器	可用于工厂企业及民用建筑
XXM	嵌入,悬挂	DZ12 型断路器,小型蜂鸣器	民用建筑
XZK	嵌入,悬挂	DZ12 型断路器	
XM	嵌入,悬挂	DZ12 型断路器	
XRM-12	悬挂	DZ10 型、DZ12 型断路器	
XPR	嵌入,悬挂	DZ5 型断路器、DD17 型断路器	民用建筑
PX	嵌入,悬挂	DZ12 型断路器	
PXT	嵌入,悬挂	DZ12 型断路器	
XXRM-1N	嵌入,悬挂	DZ12 型断路器	民用建筑
XXRM-2	嵌入,悬挂	DZ12 型断路器	民用建筑
XM(R)-04	嵌入,悬挂	DZ12 型断路器	
PDX	嵌入,悬挂	DZ12 型断路器	
TWX-50	悬挂	电度表(1-5A)带锁	电度计量用,不能作照明配电用
XMR-3	嵌入,悬挂	电度表(1-5A)及瓷刀开关	电度计量用,不能作照明配电用
XML-2	板式,嵌入式	HK1 型负荷开关、RC1A-15 型熔断器和 DD5-3A 型电度表	
XM-14	嵌入	DZ15-40 1903 型断路器	
XRM	嵌入,悬挂	DZ12 型断路器	用于工厂企业及民用建筑
XXRM-3	嵌入,悬挂	DZ12 型断路器	民用建筑

五、照明系统一般符号及标注方法

灯具的一般符号及标注方法见表 4-11 和表 4-12。

表 4-11 照明系统一般符号图例名称表

图 例	名 称	图 例	名 称
	天棚灯		隔爆灯
	各型灯具一般符号		防爆荧光灯
	壁灯		聚光灯
	花灯		吊式风扇
	矿山灯		单极双控拉线开关

续表

图　例	名　　称	图　例	名　　称
	单极暗装开关		管线引下
	双极开关		配电盘 $\dfrac{编号}{型号}$
kW·h	电度表		三根
	调光器	−−−	直流线路应急照明线
	管线引上		弯灯
	管线由上引下		广照型灯
——	两根		深照型灯
$\dfrac{n}{}$	n 根线		局部照明灯
	荧光灯		防爆灯
	双管荧光灯		安全灯
	安全灯		投光灯一般符号
	防水防尘灯	×	瓷质座式灯头
	乳白玻璃球型灯		单极拉线开关
	排风扇		单极开关
	应急灯		单极防爆开关
	泛光灯		双控开关
30	设计照度30lx	$\bullet\ \dfrac{a-b}{c}$	$a-b$ 为双测垂直照度,lx;c 为水平照度,lx
	开关一般符号		管线由下引来
	单极密闭(防水)开关		管线由下引上
t	单极延时开关	→	进户线
● a	照明照度检查点 a:水平照度 lx		四根
	管线由上引来	−·−	36V 以下交流线路

相序标注							
$U^{①}L_1^{②}$	A 相	$\begin{array}{c}V^{①}\\L_2^{②}\end{array}$	B 相	$\begin{array}{c}W^{①}\\L_3^{②}\end{array}$	C 相		

① 交流设备端;
② 交流电源端。

表 4-12　照明系统标注方法名称表

代号	名　称	代号	名　称	代号	名　称
a	灯具数量	CS	吊链式安装	CL	柱上安装
b	灯具型号或符号	S	支架安装	C	吸顶安装
c	每盏灯具的光源数	L	光源种类	DS	管吊式安装
d	光源的容量（W）	灯具标注法 $$a-b\frac{c \times d \times L}{e}f$$		SW	吊线式安装
e	悬挂高度（m）			W	壁式安装
f	安装方式			R	嵌入式安装

第二节　电气照明工程施工图的识读

电气照明工程施工图的识读主要掌握电气照明的系统图和平面图，系统图是了解照明系统回路，从照明配电箱引出线路，控制关系如何。平面图是了解平面灯具的布置线路的走向，控制开关的设置等，两者均很重要。下面主要以实例说明电气照明工程施工图的识读方法过程。

例1：某建筑局部照明及部分插座电气平面图见图4-13。照明光源除卫生间外都采用直管型荧光灯，卫生间采用防水防尘灯具。除此以外还设置了应急照明灯，应急照明电源在停电时提供应急电源使应急灯照明。左面房间电气照明控制线路说明如下：上下两个四极开关分别控制上面和下面四列直管型荧光灯。电源由配电箱 AL2-9 引出，配电箱 AL2-9、AL2-10 中有一路主开关和六路分开关构成，系统图见图4-14、图4-15。

左面房间上下的照明控制开关均为四极，因此开关的线路为5根线，（火线进1出4）。其他各路控制导线根数与前面基本知识中所述判断方法一致。卫生间有一盏照明灯和一个排风扇因此采用一个两极开关，其电源仍是与前面照明公用一路电源。各路开关所采用的开关分别有 PL91-C16、PL91-C20 具有短路过载保护的普通断路器还有 PLD9-20/1N/C/003 带有漏电保护的断路器，保护漏电电流为30mA。各线路的敷设方式为 AL2-9 照明配电箱线路，分别为3根 4mm² 聚氯乙烯绝缘铜线穿直径20毫米钢管敷设（BV 3×4 S20）、2根 2.5mm² 聚氯乙烯绝缘铜线穿直径15mm 钢管敷设（BV 2×2.5 S15）以及2根 2.5mm² 阻燃型聚氯乙烯绝缘铜线穿直径15mm 钢管敷设（ZR-BV 2×2.5 S15）。

右侧房间的控制线路与左侧相似，只是上面的开关只控制两路照明光源，为两极开关，卫生间的照明控制仍是采用两极开关控制照明灯和排风扇。一般照明和空调回路不加漏电保护开关，但如果是浴室或十分潮湿易发生漏电的场所，照明回路也应加漏电保护开关。

例2：办公楼照明平面电气图的识读。

图4-16是办公楼一楼照明平面图，配电箱 AL1 引进一路电源分配给七路负载，其中有两路备用。配电箱中有主开关和七个分开关（图4-17）。其中照明三路，插座两路，另外两路为备用。插座两路采用漏电保护开关。WL1 提供卫生间、门厅及办公室照明（各房间又有开关），WL2 提供中部两房间照明，五行荧光灯均有分开关控制。WL3 提供包房、配餐、主食加工、副食加工、门卫兼收发几个方面照明。各房间及门厅照明灯具均有独立开关控制。平面图未反应插座位置。图4-18 为二层办公室、走廊、门厅、开水间、卫生间、照明平面图。图4-19 为 AL2 配电箱系统图，反映出一路进线，总开关，七路分开关七路出线，其中两路备用，在平面图中未反映插座平面位置。三路插座和一路备用均为漏电保护开关。

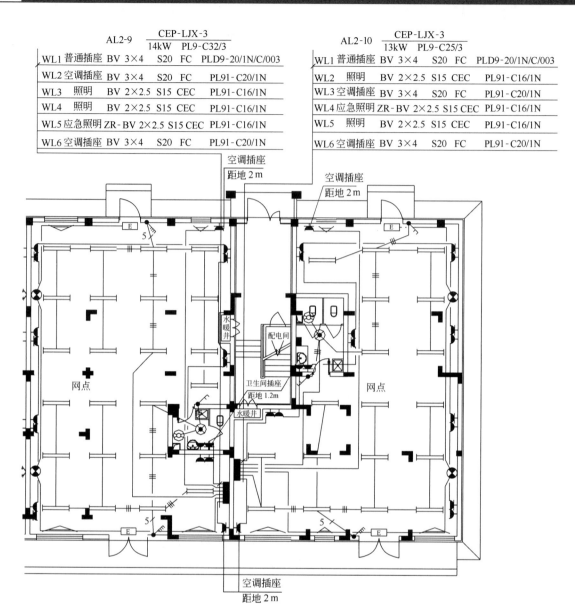

图 4-13   某建筑局部照明及部分插座电气平面图

AL2-9   CEP-LJX-3
14kW   PL9-C32/3

PLD9-20/1N/C/003   普通插座   BV 3×4   S20

PL91-C20/1N   空调插座   BV 3×4   S20

PL91-C20/1N   照明   BV 2×2.5   S15

PL9-C25/3
BV 3×10 S25

PL91-C16/1N   照明   BV 2×2.5   S15

PL91-C16/1N   应急照明   ZR-BV 2×2.5   S15

PL91-C20/1N   空调插座   BV 3×4   S20

图 4-14   AL2-9 配电箱系统图

$$AL2-10 \quad \frac{CEP-LJX-3}{13kW \quad PL9-C25/3}$$

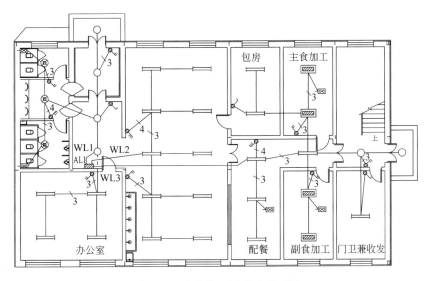

图 4-15　AL2-10 配电箱系统图

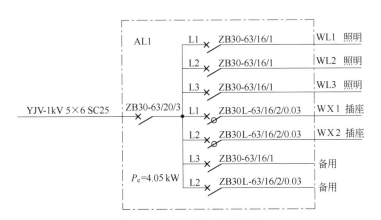

图 4-16　办公楼一层照明平面图

图 4-17　AL1 配电箱系统图

例 3：民用住宅室内照明电气图识读。

如图 4-20 所示为某三室两厅一厨两卫的户型住宅照明平面图，因户型全部相同图中只

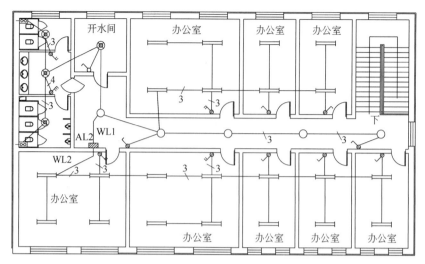

图 4-18　办公楼二层照明平面图

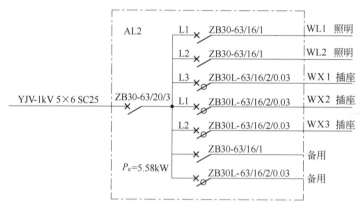

图 4-19　AL2 配电箱系统图

显示局部。两边户型对称，电源由分户箱引出，首先通过三极开关提供客厅花灯电源，花灯由于内部有多个光源，三个开关有利于不同状态的控制与节能。然后依次提供电源给客厅阳台灯、主卧室灯、小卫生间灯、门厅灯。通过门厅灯又给大卫生间灯、餐厅灯、厨房灯、厨房阳台灯以及北部两个房间灯提供电源。门厅灯和主卧室以及主卧室北侧卧室均采用双控开关，这样可以两地控制方便灯的开闭。如卧室，除门口有开关外，还在床头设有开关控制灯的开闭，比较方便。由于大门口距离卧室门口相对较远，因此将门厅灯设置为双控形式便于控制。两个卫生间均有三个开关分别控制照明灯、镜前灯、排风扇。楼梯间灯为节能采用声控灯，由公共电源供电。

例 4：某住宅一层网点照明平面图识读。

某住宅一层网点照明平面图见图 4-21 所示。每个单元相同，因此只展现建筑局部。照明电源由分户箱引出并给所有光源供电。靠下的三极开关负责控制门口的左右两盏双管荧光灯和与之相邻的两盏双管荧光灯。门口的两盏双管荧光灯可以分别单独开闭，与之相邻的上面第二排两盏双管荧光灯受三极开关中的一个开关控制。在三极开关上面的两极开关分别控制上面的两排荧光灯。卫生间门口的两极开关分别控制卫生间内的两盏灯。上面的双控开关与二楼的双控开关配合使用（二楼部分本图未表现）。照明设备导线均为 BV2.5 聚氯乙烯绝缘铜线。

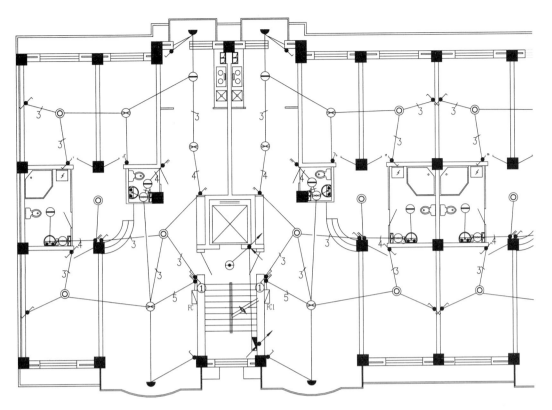

图 4-20 住宅照明平面图

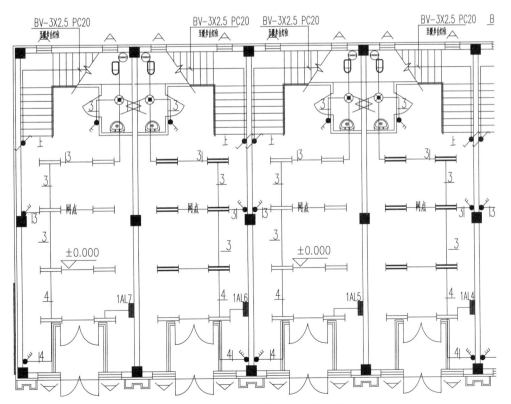

图 4-21 住宅一层网点照明平面图

第五章 建筑防雷与接地工程图识读

第一节 建筑防雷与接地工程基本知识

一、雷电的危害

直击雷引起的热效应、机械力效应、反击、跨步电压，以及雷电流引起的静电感应、电磁感应，直击雷或感应雷沿架空线路进入建筑物的高电位引入，都会引起损坏建筑物、损坏设备、伤害人畜等严重后果。

1. 雷电流的热效应

由于雷电电流大，作用时间短，产生的热量绝大多数转换成接雷器导体的温升。雷电通道的温度可以高达6000～10000℃，可以烧穿3mm厚的钢板，可使草房和木房、树木等燃烧，引起火灾。所以接雷器的导体面积必须合理选择，否则会由于接雷引起的高温而熔化。

2. 雷电流的机械效应

发生雷击时，雷电流会产生很强的机械力。产生机械力的原因有多种，原因之一是遭受雷击的物体由于瞬间升温，使内部的水分化成汽产生急剧的膨胀，引起巨大的爆破力。因此会出现雷击会将大树劈开、将山墙击倒或使建筑物屋面部分开裂等现象。另外，由于雷电流通道的温度高达6000～10000℃，会使空气受热膨胀，以超声波速度向四周扩散，四周空气被强烈压缩，形成激波，被压缩的空气外围称激波前，激波前到达的地方，使空气的温度压力突然升高，波前过后，压力又会迅速下降到低于大气压力，这就是雷电引起的气浪，树木、烟囱、人畜接受气浪时就会遭受破坏和伤害甚至死亡。

3. 防雷装置上的高电位对建筑物等的反击

防雷装置遭受雷击时，在接闪器、引下线及接地装置上产生很高的电压，当其离建筑物及其他金属管道距离较近时，防雷装置上的高压就会将空气击穿，对其他建筑物及金属管道造成破坏，这就是雷电的反击。所以，当建筑物、金属管道与防雷装置不相连时，则应离开一段距离，以防止雷电反击现象的出现。

4. 跨步电压及接触电压

遭受雷击时，接地体将雷电流导入地下，在其周围的地面就有不同的电位分布，离接地极愈近，电位愈高，离接地极愈远，电位愈低。当人在接地极附近跨步时，由于两脚所处的电位不同，在两脚之间就存在电位差，这就是跨步电压。此电压加在人体上，就有电流流过人体。当雷击时产生的跨步电压超过人身体所能承受的最大电压时，人就会受到伤害。

在雷击接闪时，被击物或防雷装置的引流导体都具有很高的电位，如果此时人接触此物体，就会在人体接触部位与脚站立地面之间形成很高的电位差，使部分雷电流分流到人体内，这将造成伤亡事故。特别是多层、高层建筑采用统一接地装置，虽然在进户地面处设等电位连接，但在较高的楼层上雷击时触及水暖和用电设备的外壳，仍有很高的电位差。因此，这类建筑物的梁、柱、地板及各类管道、电源 PE 线等，每层应该做等电位连接，以减小接触电位差。

5. 静电感应及电磁感应

静电感应和电磁感应是雷电的二次效应。因为雷电流具有很大的幅度和陡度，在它的周围空间形成强大变化的电场和磁场，因此会产生电磁感应和静电感应。

当有导体处在强大变化的电磁场中，就会感应产生很高的电动势，开环电路就可能在开口处产生火花放电，这就是沉浮式油罐及钢筋混凝土油罐在雷击时易于起火爆炸的原因。若在 10kV 及以下的线路上感应较高的电动势，则会导致绝缘的击穿，造成设备的损坏。在雷击前，雷云和大地之间造成强大的电场，这时地面凸出物的表面会感应出大量与雷云极性相反的电荷。雷云放电后，电场消失，若大地建筑物上的感应电荷来不及泄放，便形成静电感应电压，此值可达 100~400kV，同样会造成破坏事故。所以，在防直击雷的同时还要防感应雷。

6. 架空线路的高电位引入

电力、通信、广播等架空线路，受雷击时产生很高的电位，形成电压电流行波，沿着网络线路引入建筑物，这种行波会对电气设备造成绝缘击穿，烧坏变压器，破坏设备，引起触电伤亡事故，甚至造成损坏建筑物等事故。

二、建筑的防雷等级和防雷措施

（一）建筑物的防雷分级

按建筑物的重要性、使用性质、发生雷电的可能性及后果，《民用建筑电气设计规范》把民用建筑的防雷分为三级。

1. 一级防雷的建筑物

① 具有特别重要用途的建筑物。如国家级的会堂、办公建筑、档案馆、大型博展建筑；特大型、大型铁路旅客站；国际性的航空港、通信枢纽；国宾馆、大型旅游建筑、国际港口客运站等。

② 国家级重点文物保护的建筑物和构筑物。

③ 高度超过 100m 的建筑物。

2. 二级防雷的建筑物

① 重要的或人员密集的大型建筑物。如部、省级办公楼；省级会堂、档案馆、博展、体育、交通、通信、广播等建筑；以及大型商店、影剧院等。

② 省级重点文物保护的建筑物和构筑物。

③ 19 层及以上的住宅建筑和高度超过 50m 的其他民用建筑物。

④ 省级及以上的大型计算机中心和装有重要电子设备的建筑物。

3. 三级防雷的建筑物

① 当年计算雷击次数大于等于 0.05 次时，或通过调查确认需要防雷的建筑物。

② 建筑群中最高或位于建筑群边缘高度超过 20m 的建筑物。

③ 高度超过 15m 的烟囱、水塔等孤立的建筑物或构筑物。在雷电活动较弱地区（年平均雷暴日不超过 15 天）其高度可为 20m 及以上。

④ 历史上雷害事故严重地区或雷害事故较多地区的重要建筑物。

（二）建筑物易受雷击的部位

建筑物的性质、结构及建筑物所处位置等都对落雷有着很大影响。特别是建筑物楼顶坡度与雷击部位关系较大。建筑物易受雷击的部位如下。

① 平屋面或坡度小于 1/10 的屋面的檐角、女儿墙、屋檐。如图 5-1(a) 和（b）所示。

② 坡度大于 1/10 且小于 1/2 屋面的屋角、屋脊、檐角、屋檐。如图 5-1(c) 所示。

③ 坡度大于 1/2 的屋面的屋角、屋脊、檐角。如图 5-1(d) 所示。

对图 5-1(c) 和（d），在屋脊设有避雷带保护的情况下，当屋檐处于屋脊避雷带的保护范围内时，屋檐上可不设避雷带。

（三）建筑物的防雷保护措施

建筑物的防雷保护措施主要是装设防雷装置。防雷装置是由接闪器、引下线、接地装置、过电压保护器及其他连接导体组成。接闪器是指直接接受雷击的避雷针、避雷带（线）、避雷网，以及用作接闪的金属屋面和金属构件等，如图 5-2～图 5-4 所示。引下线是指用于连

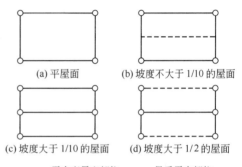

(a) 平屋面　　　(b) 坡度不大于 1/10 的屋面

(c) 坡度大于 1/10 的屋面　　(d) 坡度大于 1/2 的屋面

○雷击率最高部位；—— 易受雷击部位；
— — 不易受雷击的屋脊或屋檐。

图 5-1　不同屋面坡度建筑物的易受雷击部位

接接闪器与接地装置的金属导体。接地体是指埋入土壤中或混凝土基础中的作散流用的导体。接地线是指从引下线断接卡或换线处至接地体的连接导线。接地装置是指接地体和接地线的总合。

1. 一级防雷建筑物的保护措施

（1）防直击雷

① 接闪器

a. 在易遭雷击的屋面、屋脊、女儿墙、屋面四周的檐口设置一个 25×4 的镀锌扁钢或 φ12 的镀锌圆钢避雷带，并在屋面设置不大于 10m×10m 的金属网格，与避雷带相连，作为防直击雷的接闪器。

b. 对凸出屋面的物体沿四周设置避雷带；对屋面接闪器保护范围之外的物体，都应该安装避雷带；屋面上的金属物体，如透气管、水箱、旗杆等都应该与屋面的避雷带相连，其连接导线的截面不小于屋面避雷带的规定。

c. 屋面板金属作为接闪器使用时，如果要防金属板被雷击穿孔，钢的厚度不小于

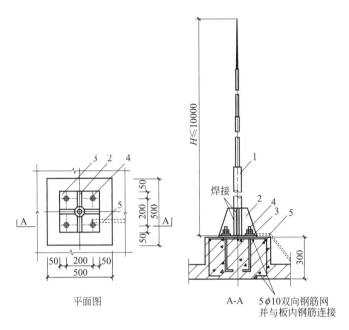

图 5-2　接闪器系统结构图（单位：mm）

1—钢管接闪器；2—支撑钢板（固定）；3—底座钢板；

4—埋地螺栓、螺母；5—接地引入线

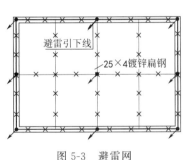

图 5-3　避雷网

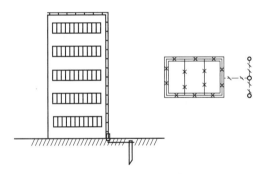

图 5-4　引下线和接地装置

4mm，铜的厚度不小于 5mm，铝的厚度不小于 7mm；如果不需要防金属板被雷击穿孔和金属板下无易燃物品时，金属板的厚度也不应小于 0.5mm。

d. 当建筑物高度超过 30m 时，30m 及以上部分外墙上的栏杆、金属门窗等较大的金属物应直接或通过金属门窗埋铁与防雷接地装置连接，用作防侧击雷和等电位措施。

② 引下线

a. 引下线沿外墙明敷设时，应采用直径不小于 8mm 的圆钢或厚度不小于 4mm、截面不小于 48mm² 的扁钢；作为烟囱避雷引下线时，应采用直径不小于 12mm 的圆钢或厚度不小于 4mm、截面不小于 100mm² 的扁钢。

b. 引下线暗敷设在外墙粉刷层内时，截面应加大一级。

c. 建筑物室外的金属构件（如消防梯等）、金属烟囱、烟囱的金属爬梯等可以作为避雷引下线使用，但应确保各部件之间形成电气通路。

d. 避雷引下线应首先考虑使用柱内钢筋，当钢筋直径为 16mm 及以上时，应利用其中两根钢筋焊接作为一组引下线；当钢筋直径为 10mm 及以下时，要利用其中 4 根钢筋焊接作为一组引下线。

e. 采用人工引下线时，应在各引下线距地面 1.8m 以下处设置断接卡，以便测量接地电阻；利用柱子主筋作引下线时，顶部及室外距地 0.3m 处均应预埋与主筋相连接的钢板，上部与避雷带相连，下部用作外引接地极或测量接地装置的接地电阻用；当利用柱子主筋作引下线又利用基础主筋作接地体两者相互连接时，则不必设短接卡子。

f. 明敷设接地引下线在距地面 1.7m 到地面下 0.3m 处，应加保护措施，以防引下线受机械损伤。

g. 专设引下线时，其引下线根数不应少于 2 根，宜对称布置，引下线的间距不大于 18m；采用主筋作为引下线时，间距也不要大于 18m，同时要求各个角上的柱钢筋都要作为引下线使用。

③ 接地装置

a. 人工接地体的尺寸：圆钢直径不小于 10mm；扁钢截面不小于 $100mm^2$，厚度不小于 4mm；角钢厚度不小于 4mm；钢管壁厚不小于 3.5mm。

接地体应镀锌，焊接处应涂防腐漆。在腐蚀性较强的土壤中，还应适当加大其截面或采取其他防腐措施。垂直接地体的长度一般为 2.5m，埋设深度不小于 0.6m，两根接地极之间的距离为 5m。

b. 水平及垂直接地体距离建筑物外墙、出入口、人行道的距离不要小于 3m。当不能满足要求时，可以加深接地体的埋设深度，水平接地体局部埋设深度不小于 1m，或水平接地体的局部用 50～80mm 的沥青绝缘层包裹，或采用沥青碎石地面或在接地装置上面敷设 50～80mm 厚的沥青层，其宽度要超过接地装置 2m。

c. 利用建筑物基础钢筋网作接地体时应满足以下条件：基础采用硅酸盐水泥且周围土壤含水率不低于 4%，以及基础外表无防腐层或有沥青质的防腐层；每根引下线的冲击接地电阻不大于 5Ω；敷设在钢筋混凝土中的单根钢筋或圆钢的直径不小于 10mm。

（2）防感应雷及高电位反击　目前比较多的是采用总等电位连接。即将建筑物的柱、圈梁、楼板、基础的主筋（其中 2 根）相互焊接，其余都绑扎成电气通路，柱顶主筋与避雷带焊接，所有变压器（10/0.4kV）的中性点、电子设备的接地点、进入或引出建筑物的管道、电缆等线路的 PE 线都通过建筑物基础一点接地。

（3）防止高电位从架空线路引入　低压线路宜全线采用电缆直接埋地敷设，在入户端将电缆的金属外皮、钢管接到防雷电感应的接地装置上。当全线采用电缆有困难时，可采用架空线，但在引入建筑物处应改电缆埋地引入，电缆埋地长度不应小于 15m。在电缆与架空线路连接处，应装设避雷器。避雷器、电缆金属外皮、钢管和绝缘子铁脚等应接到一起接地，其冲击接地电阻不应大于 10Ω。

2. 二级防雷建筑物的保护措施

（1）防直击雷

① 接闪器　与一类防雷建筑相同，仅是屋面改为设置 15m×15m 的网格，与屋面避雷带相连，作为防直击雷的接闪器。也可以在屋面上装设避雷针或避雷针与避雷带相结合的接闪器，并把所有的避雷针与避雷带相互连接起来。

② 引下线　与一级防雷引下线的 a～f 条相同。专设引下线时，其引下线根数也要不少

于 2 根，要对称布置，引下线的距离不大于 20m；采用柱子主筋作引下线时，数量不限，但建筑外廓各个角上的柱主筋应作为引下线。

③ 接地装置　与一级防雷建筑相同。冲击接地电阻不大于 10Ω。

（2）防感应雷及高电位反击　与一级防雷建筑措施相同，只用于防雷时，其接地冲击电阻可为 20Ω。

（3）防止高电位从架空线路引入　与一级防雷建筑物相同。年雷暴日在 30 天及以下地区，可采用低压架空线直接引入，在架空线入户端装设避雷器，避雷器的接地和瓷瓶铁脚、电源的 PE 或 PEN 线连接后与避雷的接地装置相连，其冲击接地电阻不应大于 5Ω。也可与共同接地装置的总等电位点连接，其接地电阻不大于 1Ω。另外入户端的三基电杆绝缘子铁脚应接地，其冲击接地电阻不应大于 20Ω。

进出建筑物的各种金属管道及电气设备的接地装置，应在进出口处与防雷接地装置连接。

3. 三级防雷建筑物的保护措施

（1）防直击雷　在建筑物的屋角、屋檐、女儿墙或屋脊上装设避雷带，在屋面上设置不下于 20m×20m 的网格作避雷接闪器，也可设置避雷针。建筑物及突出屋面的物体均应处于接闪器的保护范围之内。屋面的所有金属物件都应该与避雷带相连。专设引下线时，引下线数量不少于两根，间距不应大于 25m，建筑物外廓易遭雷击的几个角上的柱子钢筋应作为避雷引下线。

凡利用建筑物钢筋作为引下线时，主筋为 φ16 时，选用两根相互绑扎或焊接组成一组引下线；主筋为 φ10 时，应用四根互相绑扎或焊接组成一组引下线。

接地引下线的断接卡子设置与一级防雷建筑物的要求相同。

防直击雷的专设接地装置，每组的冲击接地电阻不得大于 30Ω。若与电气设备的接地及各类电子设备的接地共用时，应将接地装置组织闭合环路。共用接地装置利用建筑物基础及圈梁的主筋组成闭合回路，其要求与一级防雷建筑物相同。

（2）防止高电位从线路引入　对电缆进出线，应在进出端将电缆的金属外皮、钢管等与电气设备接地相连。如电缆转换为架空线，则应在转换处设避雷器，避雷器、电缆金属外皮和绝缘子铁脚应连接一起接地，其冲击接地电阻不宜大于 30Ω。

对低压架空进出线，应在进出线处装设避雷器并与绝缘子铁脚连在一起接到电气设备的接地装置上。当多回路进出线时，可仅在母线或总配电箱处装设避雷器或其他形式的过电压保护器，但绝缘子铁脚仍应接到接地装置上。

三、接地的分类与作用

电气设备或其他设置的某一部位，通过金属导体与大地的良好接触称为接地。接地按其接地的主要目的不同可以分为防雷接地、工作接地、保护接地、防静电接地、保护接零、重复接地等不同接地种类。

（1）防雷接地　为防止雷电危害而进行的接地叫防雷接地。如建筑物的钢结构、避雷网等的接地。

（2）工作接地　为了保证电气设备在正常和事故情况下均能可靠地工作而进行的接地叫工作接地。如变压器和发电机的中性点直接接地或经消弧线圈接地等。

（3）保护接地　为了保证人身安全，防止触电事故而进行的接地叫保护接地。如电气设备正常运行时不带电的金属外壳及构架的接地。

（4）防静电接地　为防止可能产生或聚集静电荷而对金属设备、管道、容器等进行的接地叫防静电接地。

（5）保护接零　为了保证人身安全，防止触电，将电气设备正常运行时不带电的金属外壳与零线连接叫保护接零。

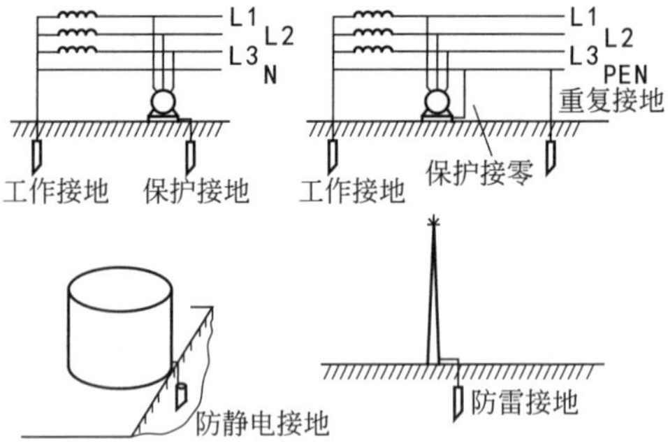

（6）重复接地　在中性点直接接地的低压系统中，为了确保接零保护安全可靠，除在电源中性点进行工作接地外，还必须在零线的其他地方进行必要的接地，该接地称为重复接地。各种接地方式参见图5-5。

图 5-5　电气接地、接零

第二节　建筑物防雷电气工程图实例

建筑物防雷电气工程图主要涉及建筑物屋面避雷针、接闪器、避雷引下线以及屋面突出设备的防雷措施设计内容。防雷设计的基本原则是将屋面的易受雷击的部位和建筑物上突出的设备通过接闪器可靠接地。钢混结构的建筑物的避雷引下器一般采用建筑柱内的外侧两根钢筋经可靠焊接后来实现。对高层建筑，为了防范侧击雷，在高于30m以上的建筑，每三层要利用梁内钢筋焊接一个均压环，外墙面的金属门窗、阳台上的金属要与均压环可靠焊接以实现接地。在建筑防雷施工图上，还可以表述出接闪器的安装要求。接闪器一般采用直径为12mm的圆钢或25×4镀锌扁钢焊接而成，在有女儿墙的建筑屋顶，接闪器一般沿女儿墙敷设，一般支柱间距为1m，转角处支柱间距为0.5m；没有女儿墙的平屋顶，避雷带要沿混凝土支座敷设，支座距离为1m。屋面避雷网格在屋面顶板内50mm处敷设。这些内容一般在设计说

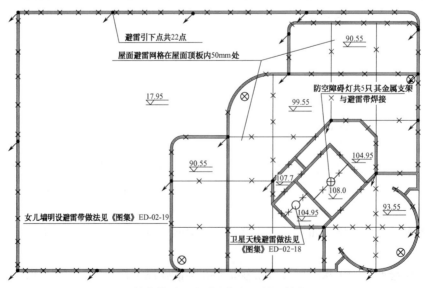

图 5-6　某大楼屋面防雷电气工程图（单位：m）

明中提供。以下是几个不同结构和不同用途的建筑的屋面防雷电气工程图实例。

图 5-6 所示为某大楼屋面防雷电气工程图。图中建筑物为一级防雷保护，在屋顶水箱及女儿墙上敷设避雷带（25×4 镀锌扁钢），局部加装避雷网格以防直击雷。图中不同的标高说明不同屋面有高差存在，在不同标高处用 25×4 镀锌扁钢与避雷带相连。图中避雷带上的交叉符号，表示避雷带与女儿墙间的安装支柱位置。在建筑施工图上，一般不标注安装支架的具体位置尺寸，只在相关的设计说明中指出安装支柱的间距。一般安装支柱距离为 1m，转角处的安装支柱距离为 0.5m。

屋面上所有金属构件均与接地体可靠连接，5 个航空障碍灯、卫星天线的金属支架均应可靠接地。屋面避雷网格在屋面顶板内 50mm 处安装。

大楼避雷引下线共 22 条，图中用带方向为斜下方的箭头及实圆点来表示。实际工程是利用柱子中的两根主筋作为避雷引下线，作为引下线的主筋要可靠焊接。

大楼每三层沿建筑物四周在结构圈梁内敷设一条 25×4 的镀锌扁钢或利用结构内的主筋

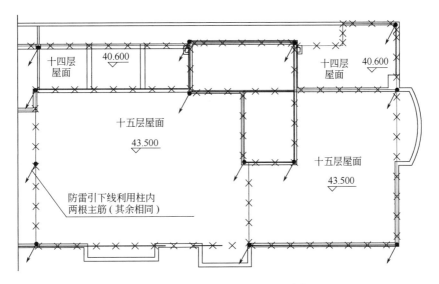

图 5-7 某住宅楼屋面防雷平面图（单位：m）

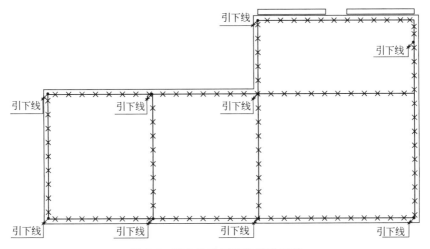

图 5-8 某办公楼屋面防雷平面图

焊接构成均压环。所有引下线与建筑物内的均压环连接。自 30m 以上，所有的金属栏杆、金属门窗均与防雷系统可靠连接，防止侧击雷的破坏。

图 5-7 为某住宅楼屋面防雷平面图的一部分。在不同标高的女儿墙以及电梯机房的屋檐等易受雷击部位，都设置了避雷带。两根主筋作为避雷引下线，避雷引下线要可靠焊接。

图 5-8 为某办公楼屋面防雷平面图。防雷接闪器采用避雷带，避雷带的材料用直径为 12mm 的镀锌圆钢。当屋面有女儿墙时，避雷带沿女儿墙敷设，每隔 1m 设一支柱。当屋面为平屋面时避雷带沿混凝土支座敷设，支座距离为 1m。屋面避雷网格在屋面顶板内 50mm 处敷设。

第三节　建筑物接地电气工程图实例

建筑物接地电气工程图主要阐述建筑物接地系统的组成及与防雷引下线的连接关系。包括避雷引下线与接地体的连接、测量卡子的安装位置、供电系统重复接地的连接要求、自然接地体的组成以及人工接地体的设计要求等。

埋入地中并直接接触大地的金属导体称为接地体。接地体分为自然接地体和人工接地体。为其他用途而设置的并且与大地可靠接触的金属体、钢筋混凝土基础等，用来兼作接地体的装置称为自然接地体；因接地需要而特意设置的金属体称为人工接地体。

电气设备与接地体之间的金属导线称为接地线。为其他用途而设置的金属导线，用来兼作接地线的称为自然接地线。接地体和接地线的总体称为接地装置。接地装置的示意图和图例如图 5-9 所示。以下从几个不同的应用实例，站在不同的角度来了解接地电气工程图是如何提供信息的，进而掌握接地电气工程图的读图方法。

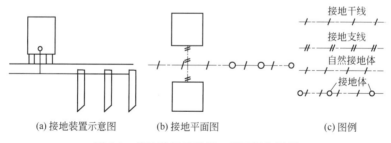

图 5-9　接地装置示意图、平面图和图例

一、有人工接地体的变电所接地电气工程图

图 5-10 为两台 10kV 变压器的变电所接地平面电气工程图。从图中可以看出接地系统的布置，沿墙的四周用 25×4 的镀锌扁钢作为接地支线，40×4 的镀锌扁钢为接地干线，人工接地体为两组，每组有三根 G50 的镀锌钢管，长度为 2.5m。变压器利用轨道接地，高压柜和低压柜通过 10# 钢槽支架接地。要求变电所电气接地的接地电阻不大于 4Ω。

二、共用接地体

图 5-11 为某综合大楼接地系统的共用接地体图。由图可见，本工程的电力设备接地、各种工作接地、消防系统接地、计算机系统接地、防雷接地等共用一套接地。从图中可以看

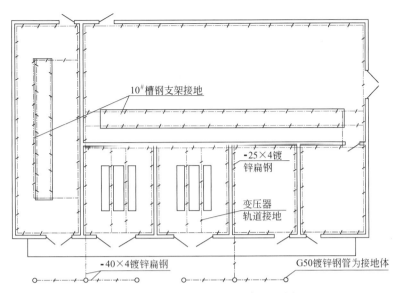

图 5-10　变电所接地平面电气工程图

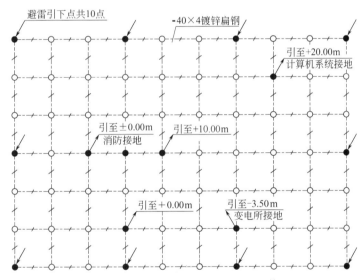

图 5-11　某大楼接地系统的共用接地体图

出，周围共有 10 个避雷引下点，利用柱中两根主筋组成避雷引下线。变电所设在底下一层，变电所接地引至 -3.5 m。需要放置 100 mm$\times100$ mm$\times10$ mm 的接地钢板。消防控制中心在地上一层，消防系统接地引至 $+0.00$。计算机房设在 5 层，计算机系统接地引至 $+20.00$ m。其他工作接地和电力设备接地分别引至所需要点。该接地体由桩基础和基础结构中的钢筋组成，采用 40×4 的镀锌扁钢作接地线，通过扁钢与桩基础中的钢筋焊接，形成环状接地网，要求其接地电阻小于 1Ω。

图 5-12 为某住宅接地电气施工图的一部分，防雷引下线与建筑物防雷部分的引下线对应。在建筑物转角 1.8 m 处设置断接卡子，用于接地电阻测量；在建筑物两端 -0.8 m 处设置有接地端子板，用于外接人工接地体。根据有关规定，人工接地体的安装位置要在建筑物3 m 之外，垂直人工接地体应采用长度为 2.5 m 的角钢或镀锌圆钢，两接地体的间距一般为

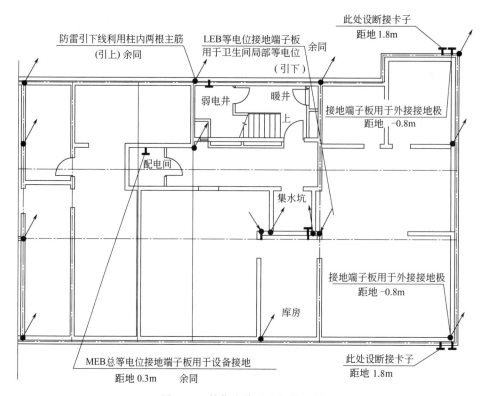

图 5-12　某住宅接地电气施工图

5m，水平接地体一般采用镀锌扁钢材料，接地线均采用扁钢或圆钢，并应敷设在易于检测的地方，且应有防止机械损伤及防止化学腐蚀的保护措施。当接地线与电缆或其他电线交叉时，其间距至少应维持 25mm。在接地线与管道、公路等交叉处以及其他可能使接地线遭受机械损伤的地方，均应套钢管保护。所以预留接地体接地端子板时，要考虑人工接地体的安装位置。在住宅卫生间的位置，设有 LEB 等电位接地端子板，用于对各卫生间的局部等电位可靠接地；在配电间距地 0.3m 处，设有 MEB 总等电位接地端子板，用于设备接地。

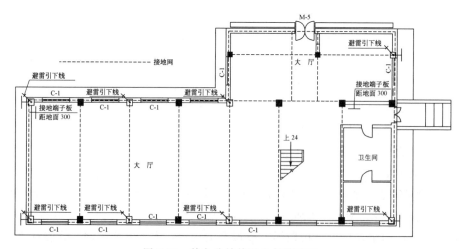

图 5-13　某办公楼接地电气施工图

图 5-13 为某办公楼接地电气施工图。图中有 8 个避雷引下线，有 2 个距地 0.3m 的接地端子板，有 4 个断线卡子用于测量接地电阻。图中接地断线卡子未标明其用途，这种情况一般可以在设计说明中找到答案。

建筑物的接地除了防雷接地之外，还有工作接地、保护接零和重复接地等。这些接地一般都不单独画电气施工图，而体现在动力配电系统图和设计说明中，具体内容参见第二章有关低压配电系统图介绍。

第六章 弱电工程基本知识及施工图的识读

第一节 弱电工程基本知识

随着我国国民经济的迅速发展，综合国力的不断提高，科学技术水平取得飞速的进步，人民生活水平有了明显的提高和改善。在解决了温饱之后，城市居民越来越关注住房条件和环境。近几年来，城市住宅的建筑，正朝着统一有序、智能化和网络化的方向发展。

城市住宅小区，不但要有建筑物的外在美学和舒适、合理、漂亮的居室，还要有体现现代文明的室内建筑电气设施，以满足现代人生活的需要。所谓智能化就是要求建筑的功能齐备，在安全方面要求有安全防范系统如小区门禁系统、楼宇可视对讲系统、防盗监控系统、消防系统。在网络化、信息化方面要建立局域宽带系统，实现现代网络的全部功能，并有足够满足要求的电话接口。在电缆电视广播音响方面有完善的电缆电视系统和广播音响系统，并为电缆电视信号向数字信号转变做好准备。科学技术的发展是无止境的，相信在不远的将来城市住宅的智能化设施将更加齐备和现代化，向节能高效人性化方面不断改进和发展。

建筑电气系统中常见的低压配电系统、照明系统、防雷接地系统一般为交流市电供电，为220V及以上电压，通称为强电系统，而建筑中的消防报警系统、电缆电视及广播音响系统、电话系统、网络综合布线系统、安防系统等主要工作于220V以下，以小信号通信控制为主，通称为弱电系统。弱电系统所传输的信号电平较小，传递的往往是视频或音频数字信号，与电力电缆的传输特点有较大区别，为减少传输中的高频损耗往往采用同轴电缆、双绞电缆、光缆等，所采用的设备的功能也与强电系统也有较大的区别。

以电缆电视系统为例，电缆电视系统包括电视接收天线、卫星天线、微波天线、摄像机、录像机、字幕机、计算机、视频服务器、解码器等。射频前端部分是对信号源提供的各路信号进行必要的处理和控制，并输出高质量的信号给干线传输部分，主要包括信号的放大、信号频率的配置、信号电平的控制、干扰信号的抑制、信号频谱分量的控制、信号的编码、信号的混合等。前段信号处理部分是整个系统的心脏，在考虑经济条件的前提下，尽可能地选择高质量器件，精心设计，精心调试，才能保证整个系统有比较高的质量指标。前端主要设备有：天线放大器、解调器、调制器、信号处理器、混合器、放大器、监视器等。干线传输部分的任务是把前端输出的高质量信号尽可能保质保量地传输给用户分配系统，若是双向传输系统，还需把上行信号反馈至前端部分。根据系统的规模和功能的大小，干线部分的指标对整个系统指标的影响不尽相同。

对于大型系统，干线长，干线部分的质量好坏对整个系统指标的影响大，起着举足轻重的作用；对于小型系统，干线很短（某些小型系统可认为无干线），则干线部分的质量对整个系统指标的影响就小。干线传输部分主要的器件有：干线放大器、线路延长放大器、电缆或光缆电源供给器、电源插入器等。用户分配部分是把干线传输来的信号分配给系统内所有的用户，并保证各个用户的信号质量。对于双向传输还需把上行信号传输回该干线传输部分。用户分配系统的主要器件有分配放大器、分支器、分配器、用户终端、机上变换器等，对于双向系统还有调制器、解调器、数据终端等设备。系统中的接收器、调制器、放大器、分配器、分支器、同轴电缆、光缆等都是为了保证整幢建筑各单元都能够接收到可靠的符合电视播放所需技术标准的视频、音频信号。根据传输的距离以及建筑的特点可以有不同的电缆电视系统设计方案。

弱电系统中的各部分都有相对独立的功能但可能又有联系，如消防系统中的报警系统就可以与广播音响系统相结合，扩展广播音响的功能。又如网络综合布线系统，可以将电话以及局域网的布线综合解决，既节约了布线成本，又为网络布线的拓展、功能的增加提供了发展变化的空间。

弱电系统涉及的知识范围较为广泛，能够基本掌握各部分弱电系统的基本知识对弱电系统识图非常重要。因此应了解弱电系统中所涉及的各种设备的基本功能和特点、工作方式、技术参数，这些对了解整个系统极为重要。如消防系统各部分各种探测器的特点、应用场所适用范围、信号的传递方式、系统联动控制执行过程等，都涉及相关的技术知识，只有对弱电系统有较好的理解才能对系统技术图有较为深入的了解和掌握。

本章对弱电工程各基本系统分别从原理和基本知识方面分析和叙述并进行了识图举例分析，如电话系统、网络综合布线系统中都罗列了各种不同的布线方式及特点，可使相关工程技术人员了解电话系统可能出现的不同形式，对工程图的分析和识读较为有利。每节都根据内容特点有不同侧重，通过实例可以更好地解决识图中的问题。本章弱电系统所采用的常用图形符号见附录 A，常用辅助文字符号见附录 B。

第二节　火灾自动报警及消防联动控制工程图的识读

一、火灾自动报警和消防联动系统的基本组成及设计依据

火灾自动报警系统是人们为了及早发现和通报火灾，及时采取有效措施来控制和扑灭火灾而设置在建筑物中或其他场所的自动消防设施。火灾自动报警控制系统一般由火灾自动报警系统和消防联动控制系统组成。在高层建筑中，由于高层建筑及建筑群体具有建筑面积大、层数多、可燃物装修多和用电设备多等特殊原因，使高层建筑的火灾具有火灾隐患多、火灾蔓延迅速及火灾扑救困难等特点。因此，高层建筑中都采用具有消防联动控制功能的火灾自动报警控制系统。火灾发生时，火灾报警控制器向消防控制中心发出报警信息，消防控制中心按照预先设定的联动控制灭火方案，通过手动或自动方式启动相关的消防设备实施灭火。

1. 火灾自动报警与消防联动系统的基本组成

火灾自动报警和消防联动系统是现代高层建筑及大型民用建筑必备的安全保障系统。火灾自动报警系统由各种类型的火灾探测器与手动报警按钮、区域报警控制器、集中报警控制

器、消防控制中心主机及信号传输网络所组成。探测器探测到的火灾信号和手动按钮等报警信号转换成电信号后，传送到区域报警控制器与消防控制中心主机，在区域报警控制器和消防控制中心主机上发出声光报警信号或在电脑屏幕显示出火情位置。消防联动系统可在现场报警人员或消防控制中心指挥人员的操纵下手动或自动启动自动灭火系统、防烟排烟系统、诱导疏散消防广播系统，同时关闭空调系统，投入应急备用电源，将客梯降至一层并启用消防电梯。各种消防联动设备的工作状态由输入模块反馈到消防控制中心，以便及时掌握消防救灾进展情况。火灾自动报警与联动控制系统框图如图 6-1 所示。

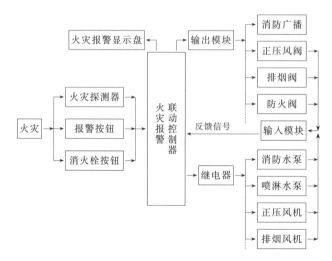

图 6-1　火灾自动报警与联动控制系统框图

2. 火灾自动报警与消防联动系统电气施工图表述的主要内容

火灾自动报警与消防联动系统电气施工图表述的主要内容包括：①建筑物的防火等级，即根据建筑物的应用性质和建筑物的高度特征，参照建筑电气设计规范确定建筑物的防火等级，根据确定的防火等级，依据建筑电气设计规范确定相应的火灾自动报警与消防联动控制系统；②根据建筑物的应用性质和建筑物的几何特征选择火灾探测器的类型，确定报警控制器的型号与安装位置，选择管线，确定敷设方式。一般情况下，火灾自动报警系统的传输线路和采用 50V 以下供电的控制线路，应采用耐压不低于交流 250V 的铜芯绝缘多股电线或电缆。消防水泵、消防电梯、防烟排烟风机等供电回路，要采用耐火型电缆。

消防设备作为消防联动控制系统的重要组成部分，是自动报警和消防联动控制系统的被控对象，在消防电气施工图设计时一般只控制到输入/输出控制模块，其他内容则多体现在自动报警与消防联动控制系统的系统图及设计说明中。只有在对消防联动系统中涉及的消防设备的工作原理比较了解后，才能对消防电气施工图有全面彻底了解。

3. 火灾自动报警的设置依据与保护等级

（1）哪些建筑应该设置火灾报警与联动控制系统

根据民用建筑电气设计规范要求，下列建筑需要设置火灾报警与联动控制系统。

① 高层建筑：10 层及 10 层以上的住宅建筑（包括底层设置商业网点的住宅）；高度超过 24m 的其他民用建筑；与高层建筑直接相连的高度不超过 24m 的裙楼。

② 低层建筑：建筑高度不超过 24m 的单层或多层有关公共建筑；单层主体建筑高超过

24m 的体育馆、会堂、剧院等有关公共建筑。

（2）各类民用建筑的保护等级的划分原则

① 特级保护对象：高度超过 100m 的超高层民用建筑，应采用全面保护方式。

② 一级保护对象：高层中的一类建筑；应采用总体保护方式。

③ 二级保护对象：高层中的二类建筑和低层中的一类建筑，应采用区域保护方式；重点的亦可采用总体保护方式。

④ 三级保护对象：低层中的二类建筑，应采用场所保护方式，重要的亦可采用区域保护方式。

其中一类建筑包括：高级住宅和 19 层及 19 层以上的普通住宅、建筑高度超过 50m 或建筑高度超过 24m 且每层建筑面积超过 1500m^2 的商住楼。二类建筑包括：10 层至 18 层的普通住宅，除一类建筑以外的建筑高度超过 24m 的商业楼、综合楼、商住楼、图书馆；建筑高度低于 50m 的教学楼、办公楼。

二、防火分区、火灾报警区域和火灾探测区域的划分

1. 防火分区的划分

防火分区是指根据建筑物的特点采用相应耐火性能的建筑物构件或防火分隔物，将建筑物人为地划分为能在一定时间内防止火灾向同一建筑物的其他部分蔓延的局部空间。防火分区按结构一般可以分为水平防火分区和垂直防火分区。水平防火分区是指由耐火墙和防火门、防火卷帘门、水幕等，将各层在水平方向上分隔为若干防火区域。在进行水平防火划分时，除了按有关规范满足防火分区的面积要求和防火分隔物的构造要求以外，还要结合建筑的平面图布局、使用功能、空间造型及人流、物流等情况，妥善布置防火分区的位置。垂直防火分区是指将上、下层由防火楼板及窗间墙分隔为若干个防火区域。高层建筑内上下层连通的走廊、敞开的楼梯间、自动扶梯、传送带等开口部位，应按上下连通层作为一个防火分区，并在上下层连通的开口部位装设耐火极限不小于 3h 的防火卷帘门或水幕等分隔设施。

2. 报警区域的划分

火灾自动报警系统保护的范围按照防火分区或按楼层划分的单元叫报警区域。而警戒区域是指火灾自动报警设备的一条回路能够有效探测发生火灾的区域。一个警戒区域不得跨越防火对象的两个楼层；一个警戒区域的面积不得超过 500m^2；警戒区域的一条边长不得超过 50m。报警区域应按防火分区或楼层布局划分，一个报警区域宜不超过一个防火分区且不宜超出一个楼层。

在实际工程设计中，一个报警区最好由一个防火分区组成，也可由同一楼层的几个防火分区组成一个报警区。报警区域不得跨越楼层。一个报警区域内应设一台区域报警控制器。

3. 探测区域的划分

把火灾自动报警控制器的一个报警回路能够有效探测火灾发生的部位对应的区域叫做探测区域。一般就民用住宅建筑来说，敞开或封闭的楼梯间；防烟楼梯间前室、消防电梯前室、消防电梯与防烟楼梯间合用的前室；走道、坡道、管道井、电缆隧道；建筑物闷顶、夹层处应分别划分探测区域。

三、消防联动设备控制的基本功能及设计要求

1. 消防联动设备控制的基本功能

① 消防联动设备必须在自动和手动状态下均能启动。如消防水泵、防烟排烟风机等均

为重要消防设备，它们的可靠性直接关系到消防灭火工作的成败，因此这些消防联动设备不仅能接受火灾探测器发送来的报警信号，根据事先设定的联动关系自动启动进行工作，还应能手动控制其启、停，以避免因其他非火灾设备故障因素而影响它们的启、停。

② 当消防联动控制设备的控制信号和火灾探测器的报警信号在同一总线回路上传输时，其布线要求应首先满足控制线路的布线要求。因为报警传输线路的作用是在火灾初期传输火灾探测报警信号，而联动控制线路的作用则是在火灾报警后，扑灭火灾过程中传输联动控制信号和联动设备的状态信号。因此联动控制线路在布线的要求上要严于报警传输线路。

③ 设置在消防控制室以外的消防联动控制设备的动作状态信号，均应在消防控制室显示，以便于消防指挥人员随时掌握各消防设备的运行状态。

2. 对各消防联动控制系统的设计要求

（1）火灾报警装置与应急广播控制装置　火灾发生后，及时向着火区发出火灾警报广播，有秩序地组织人员疏散，这是保证人身安全的重要方面。因此，火灾报警装置及应急广播控制装置的控制程序，应按照人员所在位置距火场的远近依顺序发出警报广播，组织人员有秩序地进行疏散。具体设计要求如下：

① 二层及以上楼房着火时，应先接通着火层及其相邻上下层；

② 首层发生火灾，应先接通本层、二层及地下各层；

③ 地下层发生火灾时，应先接通地下各层及首层；

④ 含多个防火分区的单层建筑，应先接通着火的防火分区及其相邻的防火分区。

（2）火灾应急广播扬声器的设置要求

① 民用建筑内扬声器应设置在走道和大厅等公共场所，每个扬声器的额定功率不应小于3W，其数量应能保证从一个防火分区内的任何部位到最近一个扬声器的步行距离不大于25m，走道最后一个扬声器距离走道末端不大于12.5m。

② 在部分工业厂房、停车场、大型商场等环境噪声大于60dB的场所设置的扬声器，其广播范围内最远的播放声压级应高于噪声15dB。

③ 客房设置专用扬声器时，其功率不宜小于1.0W。

（3）消防控制室的消防通讯设备

① 消防控制室应设置消防专用电话总机，消防专用电话总机与电话分机或电话插孔之间呼叫方式应该是直通的，中间不应有交换或转接程序，故宜选择供电式电话总机或对讲通信电话设备。

② 为了保证消防控制室同有关设备间的工作联系，应在下列部位设置消防专用电话分机：消防水泵房、备用发电机房、变配电室、主要通风和空调机房、排烟机房、消防电梯机房及其他与消防联动控制有关的经常有人值班的机房、灭火控制系统操作装置处或控制室及消防值班室。

③ 设有手动火灾报警按钮、消火栓按钮等处，宜设置电话插孔。电话插孔在墙上安装时，其底边距地面高度宜为1.3~1.5m。

（4）应急照明及疏散指示　由于在火灾发生时，应急照明、疏散指示灯是组织人员疏散的必备设备，当消防控制室确认火灾发生后，应切断相关部位的非消防电源，并接通警报装置及火灾应急照明灯和疏散指示灯。所谓切断相关部位的非消防电源是指一旦着火应切断本防火分区或楼层的非消防电源。切断方式应具有手动或自动两种切断方式。切断顺序应考虑按楼层或防火分区的范围逐个实施，以减少断电带来的不必要的惊慌。

（5）电梯控制 消防控制室在确认火灾后，应能控制电梯全部停至首层，并接收其反馈信号。一般对电梯的控制有两种方式：一种是将电梯的控制显示盘设在消防控制室，消防值班人员在必要时可直接操作；另一种是经人工确认火灾发生后，由消防控制室向电梯控制室发出火灾信号及强制电梯下降的指令，所有电梯停于首层。

（6）室内消火栓控制 室内消火栓是建筑内最基本的消防设备，消火栓启泵装置及消防水泵等都是室内消火栓必须配套的设备。为便于火灾扑救和平时维修调试工作，消防控制室内的消防控制设备对室内消火栓系统及水喷淋系统应具有如下控制和显示功能：

① 显示消防水泵电源的供应和工作情况；

② 显示消防水泵的工作、故障状态；

③ 显示消火栓按钮的位置；

④ 显示水流指示器、报警阀、安全信号阀的工作状态；

⑤ 显示启泵按钮的位置；

⑥ 控制消防水泵的启、停；

⑦ 监视水池、水箱的水位情况；

⑧ 监视预作用喷水灭火系统的最低气压；

⑨ 监视干式喷水灭火系统的最高和最低气温。

（7）消防控制设备对管网气体灭火系统应有下列控制显示功能：

① 显示系统的手动、自动工作状态；

② 在报警、喷射各阶段，控制室应有相应的声、光警报信号，并能手动切除声响；

③ 在延时阶段，应自动关闭防火门、窗，停止通风空调系统，关闭有关部位防火阀；

④ 显示气体灭火系统防护区的报警、喷放及防火门、防火卷帘门及通风空调等设备的状态。

（8）控制设备对泡沫灭火系统及干粉灭火系统应有下列控制和显示功能：①控制系统启、停；②显示系统工作状态。

（9）消防控制设备对常开防火门的控制要求为：火灾发生时，应能自动关闭，以起到隔离作用，因此，常开防火门两侧应设置火灾探测器，任意一侧报警后，防火门应能被关闭，且关闭后信号反馈至消防控制室。

（10）消防控制设备对防火卷帘门的控制要求

① 疏散通道上的防火卷帘门两侧应设置火灾探测器组及其警报装置，且两侧应设置手动按钮。

② 疏散通道上的防火卷帘门应按下列程序自动控制：烟探测器动作后，卷帘门下降至距地（楼）面1.8m；感温探测器动作后，卷帘门下降到底。

③ 用作防火分隔的防火卷帘门，火灾探测器动作后，卷帘门应直接下降到底。

④ 感烟、感温火灾探测器的报警信号及防火卷帘门的关闭信号应送至消防控制室。

（11）火灾发生时，空调系统对火灾发展影响很大，而防排烟设备有利于防止火灾蔓延和人员疏散，因此当火灾报警系统发出报警信号后，消防控制设备对防排烟设施及空调设施应有如下控制功能：

① 显示防烟和排烟风机电源的供应和工作情况；

② 停止消防水泵相关部位的空调送风，关闭电动防火阀，并接收其反馈信号；

③ 启动有关部位的防烟和排烟风机、排烟阀等，并接收其反馈信号；

④ 控制挡烟垂壁等防烟设施。

四、火灾自动报警与消防联动系统的设计内容

1. 区域报警系统设计

区域报警系统是由区域报警控制器（或报警控制器）和火灾探测器等组成的火灾自动报警系统。各区域报警控制器通过通信网络与消防控制中心的集中火灾报警控制器相连。一旦某个区域报警控制器检测到火警信号，一方面要在本地的火灾自动报警控制系统上显示和记录火警信息，另一方面还要通过网络把报警信号送到消防控制中心的集中火灾报警控制系统上进行确认和报警信号的显示和记录。

一个报警区域宜设置一台区域报警控制器，区域报警系统中区域报警控制器不应超过两台；当用一台区域报警控制器警戒数个楼层时，应在每层各楼梯口等处明显部位装设识别楼层（或显示部位）的声、光显示器或复示器；区域报警控制器安装在墙上时，其底边距地面的高度不应小于 1.5m，靠近其门轴的侧面距离不应小于 0.5m，正面操作距离不应小于 1.2m；区域报警控制器宜设在有人值班的房间或场所。

2. 感烟探测器的设置与布置

（1）在宽度小于 3m 的走道顶棚上设置感烟探测器时，居中布置，安装间距不超过 15m。探测器至端墙的距离，不大于探测器安装距离的一半。探测器至墙壁、梁边的水平距离，不小于 0.5m。在楼梯间、走廊等处安装感烟探测器时，应选在不直接受外部风吹的位置。

（2）一个探测区域内需设置的探测器数量　应按下列公式计算：

$$N \geqslant \frac{S}{KA}$$

式中，N 为一个探测区域所需设置的探测器数量，只，$N \geqslant 1$ 只（取整数）；S 为一个探测区域的面积，m^2；A 为一个探测器的保护面积；K 为修正系数，一、二级保护建筑取 0.7~0.9，三级保护建筑取 1.0。

（3）感烟探测器安装个数计算举例　按规定在住宅区，每层楼的每个单元的楼梯间和住户共用方厅各安装一个感烟探测器；在商业网点中，若每层楼高 3m，即 $h=3m$，根据表 6-1 可知：感烟探测器在 $h \leqslant 6m$，$\theta \leqslant 15°$ 时，探测器的保护面积为 $60m^2$，保护半径为 5.8m。

表 6-1　感烟、感温探测器的保护面积和保护半径

火灾探测器的种类	地面面积 S/m^2	房间高度 h/m	探测器的保护面积 A 和保护半径 R					
			屋顶坡度 θ					
			$\theta \leqslant 15°$		$15° < \theta \leqslant 30°$		$\theta > 30°$	
			A/m^2	R/m	A/m^2	R/m	A/m^2	R/m
感烟探测器	$S \leqslant 80$	$h \leqslant 12$	80	6.7	80	7.2	80	8.0
	$S > 80$	$6 < h \leqslant 12$	80	6.7	100	8.0	120	9.9
		$h \leqslant 6$	60	5.8	80	7.2	100	9.0
感温探测器	$S \leqslant 30$	$h \leqslant 8$	30	4.4	30	4.9	30	5.5
	$S > 30$	$h \leqslant 8$	20	3.6	30	4.9	40	6.3

设有一个商业网点的面积为：　　　　$S = 20 \times 14 + 12 \times 7.5 = 370m^2$

因此，$N \geqslant \dfrac{S}{KA} = \dfrac{370}{60 \times 1} \approx 6$

所以在实际设计时可以选择 $N=8$，即取 8 个感烟探测器完成 $370m^2$ 建筑面积的火灾探测保护。

3. 手动报警按钮的设置

报警区域内每个防火分区，应至少设置一只手动按钮。从一个防火分区内的任何位置到最相近的一个手动火灾报警按钮的步行距离，不宜大于 30m。手动按钮应装设在各楼层的楼梯间、电梯前室，大厅、过厅、主要公共活动场所出入口，主要通道等经常有人通过的地方。手动火灾报警按钮安装在墙上的高度可为 1.5m，按钮盒应具有明显的标志和防误动作的保护措施。

4. 消防控制室设置

我国消防规范中规定，在采用自动报警启动灭火和机械排烟等装置的高层建筑中，应设置消防控制室或消防控制中心，并应设在位置明显，直通室外，靠近建筑入口的地方。其旁边须有消防车道，以利于消防车靠拢，还应接近消防电梯，以利于消防指挥和消防过程中的人力物力输送。

消防控制室的面积大小应按建筑规模及设施的多少而定。一般在 $30 \sim 40m^2$ 范围内，要保证消防室内设备布置能满足以下要求。①设备面盘前的操作距离：单列布置 $\geqslant 1.5m$，双列布置 2m；设备面盘后的维修距离，即距墙 $\geqslant 1m$。②当设备面盘的排列长度大于 4m 时，其两端的通道宽度应不小于 1m。在整个正常监控及火灾过程中，消防控制室应始终处于安全、正常的工作状态，因此，该室须用耐火墙、楼板等隔离出防火区，并应设两个以上带防火门的出入口，在消防控制室入口处应设置明显的标志。另外室内不允许采用可燃材料装修，还应有良好的防、排烟及灭火设施。消防控制室送、排风管在其穿墙处应设防火阀，与其无关的电气线路及管道严禁从消防控制室穿过。

为了保证室内各种消防设备、仪器仪表、通信广播装置等始终处于良好的工作状态，消防控制室周围不应布置电磁干扰较强及其他影响消防控制设备工作的设备用房，还应采用空调通风装置来保持室内具有合适的温度和湿度等。

5. 消防系统供电要求

火灾自动报警系统的供电设计应符合国家现行有关建筑设计防火规范的规定。火灾自动报警系统，应设有主电源和直流备用电源。火灾自动报警系统的主电源应采用消防电源，直流备用电源宜采用火灾报警控制器的专用蓄电池。当直流备用电源采用消防系统集中设置的蓄电池时，火灾报警控制器应采用单独的供电回路，并应保证在消防系统处于最大负载状态下不影响报警控制器的正常工作。消防联动控制装置的直流操作电源电压，应采用 24V。火灾自动报警系统中的 CRT 显示器、消防通信设备、计算机管理系统、火灾广播的交流电源应由 UPS 装置供电。其容量应按火灾报警器在监视状态下工作 8h 后，整个系统最大负载条件启动受控设备，并工作 30min 来计算。火灾自动报警系统主电源的保护开关不应采用漏电保护开关。

消防控制室、消防水泵、消防电梯、防烟排烟设施、火灾自动报警系统、自动灭火装置、火灾应急照明和电动防火门窗、卷帘门、阀门等消防用电，一类建筑应按现行国家电力设计规范规定的一级负荷要求供电；二类建筑的上述消防用电应按二级负荷的两回线路要求供电。火灾消防及其他防灾系统用电，当建筑物为高压受电时，宜从变压器低压出口处分开自成供电体系，即独立形成防灾供电系统。各类消防用电设备在火灾发生期间的最少连续供电时间见表6-2。

表6-2　消防用电设备在火灾发生期间的最少连续供电时间

序号	消防用电设备	保证供电时间/min	序号	消防用电设备	保证供电时间/min
1	火灾自动报警装置	≥10	8	排烟设备	>60
2	人工报警器	≥10	9	火灾广播	≥20
3	各种确认、通报手段	≥10	10	火灾疏散标志照明	≥20
4	消火栓、消防泵及自动喷淋系统	>60	11	火灾暂时继续工作的备用照明	≥60
5	水喷雾和泡沫灭火系统	>30	12	避难层备用照明	>60
6	CO_2灭火和干粉灭火系统	>60	13	消防电梯	>60
7	卤代烷灭火系统	≥30	14	直升飞机停机坪照明	>60

注：1. 表中所列连续供电时间是最低标准，有条件时应尽量延长；
　　2. 对于超高层建筑，序号中的3、4、8、10、13等项，应根据实际情况延长。

配电所（室）应设专用消防配电盘（箱），如有条件时，消防配电室尽量贴近消防控制室布置。二类建筑的供电变压器，当高压为一路电源时亦宜选两台，只在能从另外用户获得低压备用电源的情况下，方可只选一台变压器。对容量较大或较集中的消防用电设施（如消防电梯、消防水泵等），应由配电室采用放射式供电。火灾应急照明、消防联动控制设备、火灾报警控制器等设施，若采用分散供电时，在各层应设置专用消防配电屏（箱）。消防用电设备的电源末端不应装设过负荷保护电器，若有备用设备需投切或监测需要而必须装设时，只能作用于信号，不应作用于切断电路。消防用电设备的电源应采用过电流保护兼作接地故障保护，在三相四线制配电线路不能满足切断接地故障回路时间且零序电流保护能满足时，宜采用零序电流保护，此时保护整定值应大于配电线路最大不平衡电流。

当上述保护不能满足要求时，可采用剩余电流保护，但只能作用于报警，不应直接作用于切断电路。

消防用电设备的两个电源（或两回线路），应在下列场所的最末一级配电屏（箱）处进行自动切换：消防控制室、消防泵房、消防电梯机房、各楼层设置的专用消防配电屏（箱）和应急照明配电箱等、防排烟设备机房。

消防用电设备的电源不应采用漏电保护开关进行保护。

消防用电的自备、应急发电设备应设有自动启动装置，并能在15s内供电；当由市电切换到柴油发电机电源时，自动装置应执行先停后送的程序，并应保证一定时间间隔，在接到"市电恢复"讯号后延时一定时间，再进行发电机对市电的切换。火灾报警控制器的直流备用电源的蓄电池容量应按火灾报警控制器在监视状态下工作24h后，再加上同时有二个分路报火警30min用电量之和计算。

消防用电设备配电系统的分支线路不应跨越防火分区，分支干线不宜跨越防火分区。当消防用电设备的供电不能满足要求时，应设置EPS应急电源系统。

6. 火灾自动报警及其消防联动控制系统的配线

火灾自动报警系统分二线制和总线制，其中二线制火灾自动报警系统配线主要包括从探测器到区域报警控制器的配线和从区域控制器到集中报警控制器之间的配线。火灾自动报警系统设备的生产厂家不同，其产品型号也不完全相同，因此配线计算方法也不完全一样。在系统实际设计计算中，应根据具体产品型号使用说明书来确定。而总线制火灾自动报警系统配线十分简单，其配线主要包括从主机或从机到其管理范围内的探测器、模块等之间的配线，主机到从机和主机到楼层复示器之间的配线。

7. 火灾报警及消防联动控制系统的线路设计与布线原则

高层建筑内有关防火、灭火的多种设备均以电力为动力。因此，考虑到故障、检修及火灾断电和平时停电的影响，除具有一般市电电源外，还应设置紧急备用电源，以保证失火后，在规定时间内电源向消防系统中某些必要部位的设备如：消防控制室、消防电梯、消防水泵、防排烟设施、火灾自动报警及自动灭火装置、火灾事故照明、疏散诱导标志照明以及电动防火门、电动防火阀、防排烟阀等供电。一、二类高层建筑的消防系统对供电的要求采用双路电源供电，并在用电负荷附近装设双路电源自动切换装置。

除了系统设有紧急备用电源外，为了使各自动报警装置和消防设备在发生火灾时能正常工作，要求短时间内不会被烧毁，因此，应对消防设备提出耐热要求，并设计耐热、耐火性能好的配电线路，也要考虑电源到各消防用电设备的布线问题。具体布线原则如下。

① 消防设备电源及控制线路的布线应具有良好的耐火、耐热性能，要求有耐火耐温配线设计。所谓耐火配线，是指传输线路采用绝缘导线或电缆等穿入金属线管或具有阻燃性能的 PVC 硬塑料管暗敷于非延燃结构层内，保护厚度不小于 30mm。常用的金属线管有焊接钢管 SC、电线管 TC 和薄壁型套接和压管 KBG，也称为普利卡管。而耐热配线是指采用耐热温度在 105℃ 及以上的非延燃性绝缘材料导线或电缆等穿入金属线管或具有阻燃性能的 PVC 硬塑料管明敷。如在感温探测器所监视的区域内，因为火灾发生时，探测器的动作温度较高，所以在敷设感温探测器的传输线时，应采取耐热措施。

用于消防控制、消防通讯、火灾报警等线路，以及用于消防设备的电力线路，均应采取穿金属线管或 PVC 阻燃硬塑料管保护，并暗敷于非延燃的建筑结构内，其保护层厚度应不小于 30mm。若必须明敷时，应采用金属管或金属线槽保护，并应在金属管或金属线槽上采取防火保护措施，例如在线管外用壁厚 25mm 的硅酸钙筒或用石棉、壁厚为 25mm 的玻璃纤维隔热筒进行保护。

在电缆井内敷设非延燃性绝缘护套的导线、电缆时，可以不穿线管保护，但在吊顶内敷设时应敷设在有防火保护措施的封闭式线槽内。对消防电气线路所经过的建筑物基础、天花板、墙壁、地板等处，应采用阻燃性能良好的建筑材料和建筑装修材料。

在消防设备的配线设计及布线施工中，应严格遵循有关建筑防火设计规范要求，结合工程实际采用耐热强度高的导线和一定的敷设方法、措施，来满足消防设备配线的耐火、耐热的要求。

② 不同系统、不同电压（电压为 65V 以下的线路除外）、不同电流类别的线路不允许共管、共槽敷设。

③ 在建筑物内，横向敷设的报警系统传输线采用线管、线槽布线时，不同防火分区的线路不应共管、共槽敷设，以减少接线错误，便于开通调试和检修。

④ 弱电线路的电缆竖井与强电线路的电缆竖井分开。如果受条件限制而共用一个电缆竖井时，应注意将弱电线路与强电线路分别布置在竖井的两侧。

⑤ 连接火灾探测器的导线，宜选择不同颜色的绝缘导线。如二线制中的电源线＋DC24V

线为红色，信号线为蓝色，二总线也选用红色、蓝色线，即同一工程中相同线别的绝缘导线颜色应一致，接线端子应有导线标号。接线端子箱内的端子宜选择压接或带锡焊接点的端子板，其接线端子上也应有相应的标号。

⑥ 在线管或线槽内敷设导线时，应使绝缘导线或电缆的总截面不超过线管内截面的40%，不超过线槽内截面的60%。

上述布线原则中提到的硬塑料管 PVC 是我国 20 世纪 80 年代末从国外引进生产技术和设备生产的布线管，现在又生产出阻燃性能更强的刚性阻燃管 UPVC，采用 IEC 614、BS 4678 标准生产的新产品，对电缆、电线具有与钢质线管相同的防火保护作用。其优良的防火保护作用是由于在制造线管时加入了阻燃剂，所以具有不延燃性能，在宾馆饭店、民用及工业建筑中得到广泛采用。表 6-3 给出了不同管径的阻燃 PVC 管允许的最大穿线数量。如表所示，硬塑料管 PVC 和刚性阻燃管 UPVC 有 $\phi16$、$\phi20$、$\phi25$、$\phi32$ 和 $\phi40$ 等规格，并配有接线盒、管接头、角弯、直通和管夹等各种配件，以及弯管弹簧、剪管刀等专用工具和胶黏剂等。

表 6-3　阻燃 PVC 硬塑料管最大穿线数量表

导线规格 /mm²	线管内允许敷设最多导线根数					导线规格 /mm²	线管内允许敷设最多导线根数				
	$\phi16$	$\phi20$	$\phi25$	$\phi32$	$\phi40$		$\phi16$	$\phi20$	$\phi25$	$\phi32$	$\phi40$
1	6	10	16	26	45	10		2	3	5	9
1.5	5	8	14	23	39	16		1	2	4	6
2.5	3	6	10	16	28	25		1	2	2	4
4	2	4	8	13	20	35		1	1	2	3
6	1	4	6	10	18	50			1	1	2

这种硬塑料管 PVC 和刚性阻燃管 UPVC 与水煤气管、电线管、薄壁型套接扣压管等金属管材敷设方法基本相同，大大改变了传统的电气线管的安装加工方法。例如：①当线管需要弯曲时，可采用专用工具"弯管弹簧"进行弯管，即将弯管弹簧插入管内需要弯曲的部位，不用加热就可以用手直接弯成所要求的角度，而且弯曲段管径不变形；②当线管需要截断时，则采用专用工具"剪管刀"可十分容易地剪断；③当线管需要相互连接时，可根据管路连接方向选用合适的角弯、管接头、直通等配件和胶黏剂连接。连接时先将线管连接端部和接头内壁用净纱布擦净，再涂以胶黏剂后进行插接粘接。如暗敷设于混凝土楼板、剪力墙和柱内时，还可以选用阻燃半硬塑料管，在土建绑扎钢筋时根据设计图纸要求的走向在钢筋上绑扎固定；明敷时则须采用硬塑料管或刚性阻燃管，采用管卡配件固定在墙体表面、电缆井或轻钢龙骨吊顶内；④当线管进入接线盒时，选用管接头及与之丝扣连接的入盒锁扣，先将管接头的一端与接线盒连接为一体，再将管接头的另一端与线管进行插接粘接。

由此可见，这种线管安装敷设十分简便，劳动强度小，工效高，而且管内光滑易于穿线，明敷还可省去为线管涂刷防锈漆等工作。此外，还具有重量轻、耐振动冲击、耐高温、耐水浸腐蚀和耐老化等优点，能满足施工中各种恶劣环境条件和自然环境变化的要求。由于阻燃硬塑料管和刚性阻燃管的安装施工十分简便，所需施工工具少，不需要电焊机、钢管绞板等笨重器械，提高了电气安装质量和工作效率，所以在北美、西欧等各国已有 90% 以上的建筑采用阻燃塑料管配线。近几年来，在我国阻燃塑料管也获得推广采用，在电气安装中，特别是在建筑消防布线施工中，阻燃硬塑料管代替钢制线管将成为必然趋势。

8. 消防设备的设置

根据有关消防规范规定，自动消防设备一般按如下形式设置：通常整套火灾自动报警及消防联动控制系统是由总线制报警控制器主机、从机（或区域报警器）、气体灭火控制柜、水灭火控制柜、防排烟控制柜、火灾紧急广播和专用电话通信柜、安全诱导控制柜和火灾探测器、各种其他消防设施组成。一般将二线制集中报警控制柜（或集中、区域报警控制器组合控制柜）或总线制主机柜、气体灭火控制柜、水灭火控制柜、防烟排烟控制柜、火灾紧急广播和专用电话通信柜、安全诱导及应急照明控制柜、联动控制柜（箱）等控制柜，以及操作控制台、CRT 火灾显示盘、计算机管理控制装置和 UPS 电源装置等装设在消防控制中心（控制室）内。对于二线制火灾自动报警系统是将区域报警控制器装设在各划定的报警区域的中心位置上。有客房的楼层装设在服务台旁，无客房的楼层装设在办公室或休息室内，也可装设在通道口的明显位置处，底层的区域报警控制器可装设在消防控制室内，或与集中报警控制器共装设在同一柜内。区域报警控制器或二总线从机，以及楼层复示器的安装位置应考虑上下管线敷设方便，上下安装尽可能在同一条垂线上。总之，火灾自动报警及消防联动控制系统的布置及联动控制基本上可分为"区域-集中报警控制器与消防设备的纵向联动控制"和"区域-集中报警控制器与消防设备的横向联动控制"两大类，其控制系统示意图如图 6-2 和图 6-3 所示。

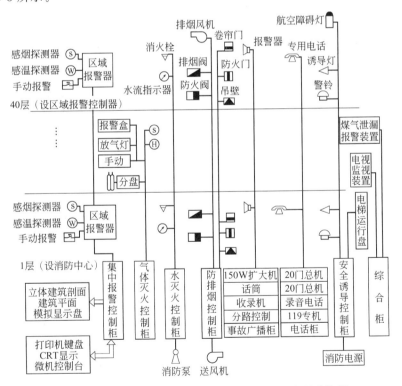

图 6-2　区域-集中报警控制器与消防设备的纵向联动控制

对于总线制火灾自动报警系统，如果主机的回路总线总容量能够满足监控点数要求，可不设从机，如果监视范围大，监控点数多，主机的回路总线总容量不足时，则需要在建筑物某楼层设置从机，从机的安装布置方法与区域报警控制器相同，在未装设主机与从机的楼层应装设楼层复示器，以方便人们及时了解火灾发生的具体部位和火灾蔓延趋势。

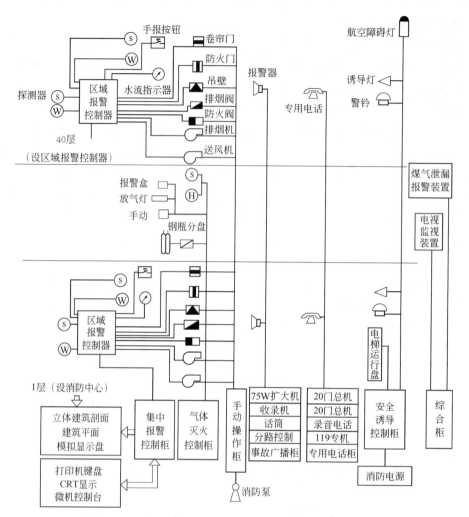

图 6-3　区域-集中报警控制器与消防设备的横向联动控制

　　楼层复示器一般是用单片机设计开发的数字式火灾报警显示装置，可以用汉字和图形方式显示火灾报警信号，可以显示火灾位置和疏散通道等信息，通过回路总线与火灾报警控制器连接，处理并显示报警控制器传送过来的数据。当建筑物内发生火灾时，消防控制室内主机报警，同时也将报警信号传送给火灾显示盘上，火灾显示盘将显示报警的探测器编号及具体位置，并发出声光报警信号。CRT 火灾显示盘显示内容主要包括火灾及故障的房号（地址）显示；消防电梯、消防水泵、正压风机和排烟机等动力设备的运行状态显示，自动水喷淋灭火系统、卤代烷气体灭火系统、安全疏散诱导系统、室内消火栓灭火系统等的启动、停止显示，以及防火门、防火阀、排烟阀、防火卷帘门、紧急广播等消防设备的动作显示等。从而使整个火灾自动报警及消防联动控制系统中的所有消防设备的工作状态都及时向消防控制中心传送回馈信号，使之始终处于消防控制中心的严密监控之下。为消防值班人员及时了解掌握整个消防系统的运行情况和及时准确地处理指挥灭火等紧急情况提供根本保障，也为楼内各层人员及时了解火情和安全疏散提供了方便。

　　控制室内综合操作控制台上一般装有微机及其附属设备、紧急电话、紧急广播用的麦克风及广播选择开关、防火门、排烟阀和正压送风阀的开闭指令装置，以及空调的启停装置等消防控制设备。

　　此外在火灾时，操作控制台可以直接通过手动操作控制某些消防设备，也可由火灾报警控制器及联动控制柜对某些消防设备进行联动控制。例如停止普通客梯和空调器的运行，切断非消防电源，接通事故照明电源，开启排烟阀，启动排风机，关闭防火阀、防火门和防火卷帘门，以及控制监视消防电梯和消防水泵的运行情况等。而对于紧急电话和紧急广播装置，它除了使消防控制中心与各层服务台进行电话联系外，还可与各房间相通，以便在收到火灾报警信号后能通过电话直接与报警点核实火情，并能与消防部门直接通话报告火警。紧急广播系统可按规定要求，即按相邻楼层或相邻防火分区控制广播火警范围。紧急广播警报器（扬声器）布设在各楼层走道、房间、过厅等一切人能到达的部位，其目的是为了及时通告火情，组织火灾层及相邻层人员有秩序地紧急疏散，较远层人员暂时待命准备，不必慌乱，发布扑救火灾的命令等，从而使疏散和灭火工作迅速、安全和有秩序地进行。

9. 消防设施的联动控制

　　消防联动控制是将被控对象执行机构的动作信号送至消防控制室，在那里根据设定的手动或自动功能，完成对消防设备的联动控制。其控制对象包括灭火设施、防排烟设施、防火卷帘、防火门、水幕、电梯、非消防电源的断电控制等。电梯、非消防电源及警报等容易造成混乱带来严重后果的被控对象应由消防控制室集中管理。

　　对室内消火栓系统，消防联动控制的功能是：①控制消防水泵的启、停；②在火灾自动报警控制器上显示启泵按钮所在的位置；③显示消防水泵的工作、故障状态。对自动喷洒水系统，消防联动控制的功能是：①控制系统的启、停；②显示报警阀、闸阀及水流指示器的工作状态；③显示喷淋水泵的工作状态，故障状态。火灾报警后，消防控制设备对联动控制对象的功能是：①停止有关部位的风机，关闭防火阀，并接受其反馈信号；②启动有关部位的防烟、排烟风机、正压送风机和排烟阀，并接受其反馈信号。火灾确定后，消防控制设备对联动控制对象的功能为：①关闭有关部位的防火门、防火卷帘，并接受其反馈信号；②发出控制信号，强制电梯全部停于首层，并接受其反馈信号；③接通火灾事故照明灯和疏散指示灯；④切断有关部位的非消防电源。火灾确定后，消防控制设备应按顺序接通火灾报警装置，即二层及二层以上楼层发生火灾，宜先接通着火层及其相邻的上、下层；首层发生火灾，宜先接通本层、二层及地下层；地下层发生火灾，宜先接通地下各层及首层。

第三节　自动消防报警与联动控制系统电气施工图的识读

　　高层建筑和建筑群体失火后，消防工作主要采取两方面的措施：一是有组织有步骤地紧急疏散；二是进行初期灭火和正规灭火。当火灾一旦发生，在绝大多数情况下是不会很快自行熄灭的，因此，必须依赖可靠的消防设备和灭火设施才能将其扑灭，把火灾损失减少到最低限度。然而由于室外消防设备所能到达的高度十分有限，消防人员接近火灾现场很困难。特别是层数较多的高层建筑，不能完全依靠消防队的救助，而应立足于建筑物本身的自救。所以，建筑物内部的各种灭火设施的作用是非常重要的。

　　联动相关的消防设备是指消防控制具有联动控制的功能。例如，当火灾报警控制器报警后，应能自动停止与报警区域有关的空调机、送风机及关闭管道上的防火阀。同时起动与报警区域有关的排烟风机、防烟垂壁及管道上的排烟阀，并且反馈消防设备动作信号；在火灾被确认后，关闭有关部位的电动防火门、防火卷帘门，同时按照防火分区和疏散顺序切断非消防电源、接通火灾事故照明灯及疏散标志灯；向电梯控制屏发出信号并强行使全部电梯（消防、客用、货用）下行并停于底层，除消防电梯处于待命状态外，其余电梯停止使用。此外，消防中心设置有与值班室、消防水泵房、总配电室、空调机房、电梯机房的直通对讲电话。同时设有向当地公安消防部门直接报警的专用电话中继线。

一、自动水喷淋灭火系统的组成

自动水喷淋灭火系统工作性能稳定，维护方便，灭火效率高，使用期长，是达到早期灭火和控制火势蔓延的重要措施。所以，应在人员密集、不易疏散，外部增援灭火与救生较困难的具有性质重要或危险性较大的场所中设置。目前，水灭火是一种使用最广泛的灭火系统，各种较廉价的常规自动水喷淋灭火系统被普遍地应用于高层建筑和建筑群体的消防系统中。根据使用环境和技术要求的不同，自动水喷淋灭火系统大体上可分为干式、湿式和预作用三种类型，另外还有雨淋、水幕等系统。以下以湿式自动水喷淋灭火系统为例，说明自动水喷淋灭火系统的工作原理。

湿式自动水喷淋灭火系统简称为湿式系统，是一种在准备工作状态时管网内充满用于启动系统的有压水的闭式系统，主要由自动喷淋头、管路、控制装置和压力水源等四部分组成。

1. 自动喷淋头

自动喷淋头是整个自动水喷淋系统的重要组成部分，其性质、质量和安装的优劣会直接影响到灭火的成败。自动喷淋头可以分为开启式和封闭式两大类。

开启式喷淋头按其结构可分为双臂下垂型、单臂下垂型、双臂直立型和双臂边墙型等四种，具有产品结构新颖，外形简捷美观、价格低廉、安全可靠等特点；开启式喷淋头通常适用安装在燃烧猛烈、蔓延迅速的特殊危险建筑物中。

开启式喷淋头可与雨淋阀（或手动喷水阀）、供水管网以及火灾探测器、控制装置等组成雨淋自动喷水灭火系统。当失火时，雨淋阀经自动或手动启动后，被保护区中的整个管网上安装的开启式喷淋头就将同时按规定方向喷射出高压水流，经其溅水盘而形成密集粒状水滴，迅速扑灭或控制火势。封闭式喷淋头可分为易熔合金式、双金属片和玻璃球式等三种。用于高层民用建筑、影剧院、会议室和宾馆饭店中的喷淋头多为玻璃球式，这种喷淋头由喷水口、玻璃球支撑和溅水盘等组成。在正常情况下，喷淋头处于封闭状态，启动喷淋是由感温部件控制，其感温部件就是充液玻璃球。在玻璃球内充满乙醚或酒精等高膨胀液体，但为了提高动作的可靠性，减少误喷淋，须在玻璃球内留有一个很小的气泡。当发生火灾并达到喷淋头的爆裂温度时，球内液体膨胀使玻璃球爆裂，被球支撑而密封的喷水口立即开放，水便由管路中喷射到溅水盘上而均匀洒下灭火。玻璃球爆裂动作的温度通常分为八级，并以液体的颜色作为标志，如表6-4所示。每个喷淋头在规定高度内的保护面积约 $10m^2$。这种玻璃式自动喷淋头可与消防管网、自动报警阀门等组成自动灭火系统，它是系统中最主要的部件，起探测火情、启动水流、扑灭早期火灾的重要作用，主要用于高层建筑、宾馆、饭店、仓库及地下工程等适用水扑灭火灾的场所，其特点是结构新颖，性能比较稳定，动作灵敏，耐腐蚀性强，且利于系列化生产，目前在消防工程中使用相当广泛。

表 6-4　玻璃球式喷淋头动作温度级别

动作温度 /℃	安装环境最高允许温度/℃	颜色	动作温度 /℃	安装环境最高允许温度/℃	颜色	动作温度 /℃	安装环境最高允许温度/℃	颜色
57	38	橙	93	74	绿	227	204	黑
68	49	红	141	121	蓝	260	238	黑
79	60	黄	182	160	紫			

2. 管路

管路又称为管网，是将灭火剂——水从水源输送到被保护现场的通路，配水管应采用内外镀锌钢管。如果在报警阀入口前管道采用内壁不防腐的钢管时，应在该管道的末端装设过滤器，以防锈蚀杂物流入报警阀及管道。管路分为湿式和干式两种，湿式管路是管网中始终充有一定压力的水，其工作压力不应大于 1.2MPa。一般要求配水管道在布置上应使配水管入口压力均衡。轻、中危险级场所中各配水管入口的压力不应大于 0.4MPa。另外在配水干管上不得接入为其他供水的设施。干式管路则是在正常时管网中充有一定压力的气体，而在火灾发生时，再排出管网内气体，同时输入水流进行灭火。

3. 控制装置

控制装置主要包括控制盘或控制柜，安装于消防控制中心或消防值班室内，并配以水流指示器和压力开关等传感器，当控制装置接到传感器信号后控制消防水泵启动或停止。另外，控制装置还配有水力警铃、报警阀、延迟器、阀门等设备，对水灭火系统进行全面控制管理和报警等。

在自动水喷淋灭火系统中，所应用的水流、水压信号传感器——水流指示器和压力开关的工作原理简介如下。

（1）水流指示器　水流指示器是自动水喷淋灭火系统中很重要的水流式传感器。根据《自动喷水灭火系统设计规范》要求，每个防火分区，楼层均应设水流指示器，在仓库顶板下喷头与货架内喷头应分别设置水流指示器，并且在水流指示器入口前设置检修控制阀时，应采用消防安全指示阀（信号阀）。水流指示器按其叶片形状有板式和桨式两种，按安装基座又分为管式、法兰连接式和鞍座式三种。桨式水流指示器又分为电子接点式和机械接点式两种。电子式水流指示器有一对常开、一对常闭延时接点，还有一对自锁常开瞬动接点。在实际工程设计中，应根据产品结构性能和允许承受水力冲击的能力，选择合适的水流指示器，将其安装在湿式、干式和预作用式水喷淋灭火系统的配水干管上。如上所述，在水流指示器之前还须安装消防安全指示阀，用以自动检测配水干管上的检修闸阀是否处于开启状态。在实施喷淋灭火时，配水干管中将产生压力水流，从而推动水流指示器的桨片，通过连杆机构使其内部的延时电路接通电源。经过一定的延时时间后，水流继电器动作，将干管中的水流信号转换成电信号或开关信号，用以控制声、光报警装置，同时与管网上的压力开关信号相配合，经消防控制装置而实现对喷淋泵的自动控制。也有无延时功能的水流指示器，只有一对常开、一对常闭接点，即为瞬动水流指示器。

（2）压力开关　压力开关工作压力一般在 0.035～1.2MPa 之间可调，适用水、空气等介质。压力开关是自动水喷淋灭火系统中十分重要的水压传感式继电器，它和水力警铃统称为水（压）力警报器。压力开关可用于湿式、干式和预作用式水喷淋灭火系统中，如图 6-4 所示的湿式水喷淋灭火系统，将水力警铃安装在湿式报警阀的延迟器之后，压力开关则安装

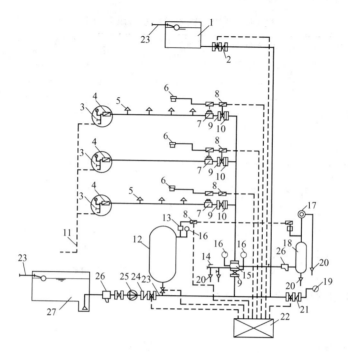

图 6-4　湿式自动水喷淋灭火系统

1—高位水箱；2，21，24—单向阀；3—末端试水装置；4—水表；5—自动喷淋头；6—探测器；
7—水流指示器；8—监视模块；9—消防安全指示阀；10—节流孔板；11—排水管；
12—压力（增加）罐；13—压力开关；14—放水阀；15—湿式报警阀；16—压力表；
17—水力警铃；18—延迟器；19—水泵接合器；20—地漏；
22—控制器（含火灾报警控制器）；23—进水干管；
25—喷淋水泵；26—过滤器；27—消防蓄水池

在延迟器的上部。当系统进行水喷淋灭火时，在 5～90s 内，管网内水压下降到一定值时，压力开关动作，将水压转换成开关信号或电信号，并配合水流指示器一起实现对消防水泵的自动控制或实施水喷淋灭火的回馈信号控制，故压力开关又称作"水-电信号转换器"。与此同时，管网水流将驱动延迟器后面的水力警铃发出报警音响。

4. 压力水源

压力水源一般由消防水池、自动消防泵和喷淋泵、高位水箱和稳压泵（补压泵）等组成。电动消防泵和喷淋泵分别为消火栓消防系统和自动水喷淋灭火系统的主要供水加压设备。管网配有补压泵是防止由于管网泄漏等原因导致水压下降而设置的补压装置。

按《建筑设计防火规范》要求，消防水池的容积应为灭火延续时间与消防用水总流量的乘积。对于室外消防水池的容量应能满足在火灾延续时间内室内、外消防用水总量的要求。一般居民区、工厂和丁、戊类仓库的灭火延续时间取 $t_s=21h$；甲、乙、丙类库房可燃气体储罐和煤、焦炭露天堆场取 $t_s=3h$；易燃、可燃材料的露天、半露天堆场取 $t_s=6h$。为了能在清池、检修和换水时保存必要的消防用水，超过 $1000m^3$ 的消防水池应分设两个。另外还应注意使消防水池与建筑物（消防泵房除外）之间的距离不小于 15m，并设有供消防车取水的取水口；在消防水池的周围设有消防车道；在寒冷地区还应对消防水池采取可靠的防冻措施。对于室内消防水箱（包括气压水罐、水塔等），应储存 10min 的消防用水量。如果是消防用水与其他用水共用水箱，应有消防用水不作他用的技术设施。另外在发生火灾后由消防泵供给的消防用水，应有不进入消防水箱的技术措施。

对喷淋泵（或消防泵）的要求如下。

（1）一般设置主、备两套喷淋泵（或消防水泵），至少应有两条吸水管和两条出水管。这样当主泵发生故障时，备用水泵可马上投入运行，仍能通过全部消防用水量，从而提高了消防供水的可靠性。

（2）在水泵的出水管上必须安装单向阀和阀门，以保护生活、生产用水设备安全，确保有效的消防用水。这是因为在消防用水与生活、生产用水共用低压管网时，在灭火期间管网被临时变为高压给水系统，即消防水泵启动后，使管网水压升高超过生活、生产供水水泵的扬程时，将导致生活、生产的低压供水水泵过负荷，甚至损坏。

（3）喷淋泵（或消防泵）应采用自灌式引水，并保证消防水泵在火灾报警后 5min 内开始投入运行。电动机（或内燃机）与消防水泵之间宜采用联轴器直接耦合传动，而不宜用皮带传动。若采用三角皮带传动，其数量应不少于 4 条，以防传动打滑而降低水泵的机械效率，确保消防水泵正常运转，及时供给消防用水。

（4）对于高级宾馆饭店、重要保护建筑等的消防水泵间，应达到对消防泵不间断供电的要求。为此应由两路独立电源，以独立母线供电，或以两个独立母线由环形电路供电。此外，在消防水泵室内应设置备用柴油发电机组或其他内燃机动力设备，以作供电电源故障时应急用。

对于一般民用或工业建筑，或消防用水量较小（如流量小于 $15dm^3/s$）时，电源可采用一个独立电源供电，但应将消防给水系统与一般动力照明的供电回路分开，以确保在火灾时将一般动力照明供电切除后，消防水泵仍能正常运转。

在图 6-4 中已示出湿式自动水喷淋灭火系统的结构，主要由水源、供水设施、报警阀（也称检查信号阀）、管路（输入管、干管、支管、配水管）、自动喷淋头、报警器（水力警铃）和控制箱（柜）等组成。平时管路内充满水，整个系统处于高位水箱的压力之下。当被保护区发生火灾时，装设于被保护现场的探测器发出报警信号，经回路总线传送给火灾报警控制器，并发出声光报警信号，消防值班人员可及时查看火情和进行扑救，并组织人员紧急疏散和搬运贵重物资。当喷淋头 5 周围的温度迅速上升，玻璃球中液体受热膨胀而使玻璃球爆裂（即感温元件动作）喷水口开放，这样压力水流就从管口喷射到溅水盘上，而均匀喷淋在燃烧物上进行冷却灭火。经过 $20 \sim 30s$，装设在管路上的水流指示器 7 的继电器触点吸合，把水流转换成报警信号，并通过其附近安装的监视模块 8，经回路总线传送给火灾报警控制器，发出声光报警信号，并显示灭火地址。初期火灾用水量由高位水箱提供，为了使高位水箱的水不倒流至泵室，故设置单向阀 24。当管网中水压下降到预定值时，湿式报警阀 15 动作，并带动水力警铃 17 报警，同时安装在延迟器 18 上的压力开关 13 也动作，将水压信号转换成开关报警信号，并通过其近旁安装的监视模块 8，经回路总线传送给火灾报警控制器，发出相应的声光报警信号。由于报警控制器接收到以上两个报警信号，就发出启泵指令，通过控制模块联动喷淋泵启动运行，对管网供水加压进行灭火。这种湿式自动水喷淋灭火系统适用于冬季室温在 0℃ 以上的房间或场所（最好室内常年温度不低于 4℃ 的场所）。其优点是喷淋灭火及时，控制迅速，可靠性高。缺点是不适用高寒地区无采暖的房间或部位，而且若管网漏水则会污损室内装修，另外管网也较易锈蚀损坏。

二、自动水喷淋泵的联动控制

以上所介绍的三种自动水喷淋灭火系统，其共同之处是都可以采用两种联动方式控制。对未设置火灾自动报警系统的建筑，水流指示器和压力开关信号可以联动控制喷淋泵，即只要自动水喷淋灭火动作开始，装设在该防火分区的配水干管上的水流指示器首先动作，将水流动信号转换成电信号或开关控制信号送入控制柜，使之产生水流声、光报警，显示实施灭火的位置地址。当管网中的水压下降到规定值时，装设在管网上的压力开关动作，将水压信号转换成电信号或开关控制信号也送入控制柜，使之产生水压声、光报警。经控制柜将水流报警信号和水压报警信号按照逻辑"与"关系处理后，启动喷淋泵，即只有当这两个信号同时存在时，才能启动喷淋泵为管网供水加压。而对于采用智能总线制火灾自动报警系统的建筑，则须将水流指示器、压力开关产生的报警信号经监视模块转换后，通过回路总线传送给报警控制器，发出声光报警信号，并经过逻辑"与"处理后联动启动喷淋泵，为管网供水加压。

1. 自动水喷淋灭火系统的工作原理及动作流程

湿式自动水喷淋灭火系统设备启停控制流程如图 6-5 所示。当火灾发生时，随着火灾部位温度的升高，自动水喷淋系统喷头上的玻璃球破碎（或易熔合金喷头上的易熔合金片脱落），使喷头开启喷水，水管内的水流推动水流指示器的桨片，使其电接点闭合，接通电路，经消防报警系统将报警信号送至消防控制中心。设在主干水管上的报警水阀被水流冲开，向喷水喷头供水，同时经过报警阀流入延迟阀，经延迟后，压力下降使压力开关动作，压力继电器接通，启动自动水喷淋消防泵。在压力继电器动作的同时，启动水力警铃，发出声光报警信号。

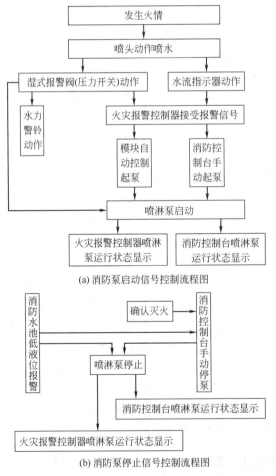

(a) 消防泵启动信号控制流程图

(b) 消防泵停止信号控制流程图

图 6-5　湿式自动水喷淋灭火系统设备启停控制流程图

2. 自动水喷淋灭火系统喷淋泵的控制方法

喷淋泵受水路系统的压力开关和水流指示器自动控制，延时启泵，或者由消防控制室手动控制直接启停。

（1）总线控制方式（具有手动/自动控制功能）　当某层或某防火分区发生火灾时，喷淋头表面温度达到动作温度后，喷淋头开启喷水灭火，相应的水流指示器动作，其报警信号通过输入模块传递到报警控制器，在报警控制器上发出声光报警并显示报警部位，随着管内水压下降，湿式报警动作，带动水力警铃报警，同时压力开关动作，输入模块将压力开关的动作报警信号通过总线传递到报警控制器，报警控制器接收到水流指示器和压力开关报警后，向自动水喷淋消防系统的喷淋泵发出启动指令，供水灭火，并显示泵的工作状态。

（2）手动直接控制方式　从消防控制室报警控制柜到泵房的自动水喷淋消防泵的控制柜之间，用导线直接连接控制线路，可以直接启动喷淋泵。当火灾发生时，可在消防控制室直接手动操作启动喷淋泵进行灭火，在操作台的显示器上同样显示喷淋泵的工作状态。

3. 自动水喷淋消防泵的控制原理

自动水喷淋用消防泵一般设计为两台泵，一用一备，或互为备用，当工作泵故障时，备用泵自动延时投入运行。图6-6为带软启动器的自动水喷淋用消防泵主电路图，图6-7为自动水喷淋用消防泵控制电路图。在控制电路中设有水泵工作状态选择开关SAC，可使两台泵分别处于1号泵用2号泵备、2号泵用1号泵备或两台泵均为手动的工作状态。

当火灾发生时，喷淋系统的喷淋头自动喷水，设在主立管或水平干管上的水流指示器的继电器SP接通，时间继电器KT3线圈通电，其延时常开触点经延时后闭合，中间继电器KA4通电吸合，同时时间继电器KT4通电，此时，如果选择开关SAC置于1号泵用2号泵备的位置，则1号泵的接触器KM1通电吸合，经软启动器，1号泵启动。当1号泵启动

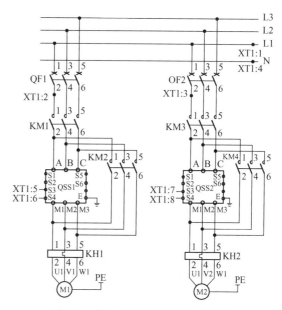

图6-6　自动水喷淋消防泵主电路图

后达到稳定状态，软启动器上的S3、S4触点闭合，旁路接触器KM2通电，1号泵正常运行，向系统供水。如果此时1号泵发生故障，接触器KM2跳闸，使2号泵控制回路中的时间继电器KT2通电，经延时吸合，使接触器KM3通电吸合，2号泵作为备用泵启动向自动水喷淋系统供水。根据消防规范的规定，火灾时喷淋泵启动后运转时间为1h，即1h后自动停泵。因此，时间继电器KT4延时时间整定为1h，当KT4通电1h后吸合，其延时常闭触点打开，中间继电器KA4断电释放，使正在运行的喷淋泵控制回路断电，喷淋泵自动停止运行。

根据国家强制性条文规定，消防用水泵过负荷热继电器只报警而不动作于跳闸。当1号泵、2号泵均发生过负荷时，热继电器KH1、KH2闭合，中间继电器KA3通电，发出声、

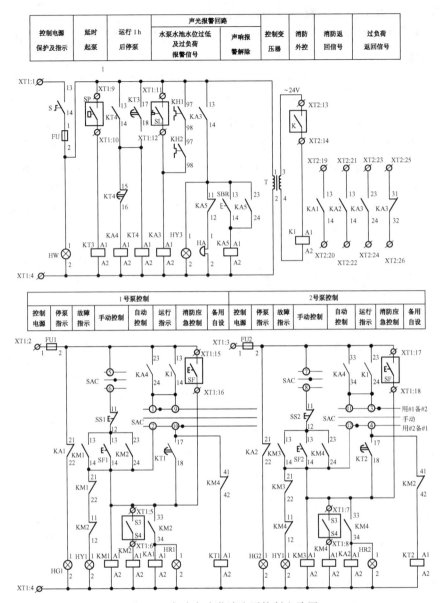

图 6-7　自动水喷淋消防泵控制电路图

光报警信号。同理，当水源水池无水时，安装在水源水池内的液位计 SL 接通，使中间继电器 KA3 通电吸合，其常开触点闭合，发出声、光报警信号。可通过复位按钮 SBR 关闭警铃。

在两台泵的自动控制回路中，常开触点 K 的引出线接在消防控制模块上，由消防控制室集中控制水泵的启停。启动按钮 SF 由引出线引至消防控制室，作为消防应急控制。

三、室内消火栓灭火系统

室内消火栓设备是由水带、水枪和消火栓等三部分组成。水带长度不应超过 25m，且应选用同一型号规格的消火栓。

在每个消火栓设备上均设有远距离启动消防泵的按钮和指示灯，并在按钮上配有玻璃壳罩。按动方式可分为按下玻璃片型和击碎玻璃片型两种，接触点形式分为常开触点型和常闭触点型两种。一般按下玻璃片型为常开触点形式，击碎玻璃片型为常闭触点形式。为满足动作报警和直接启动消防泵要求，必须具备两对触点。在《高层民用建筑设计防火规范》中有以下规定："临时高压给水系统的每个消火栓处应设直接启动消防水泵的按钮，并应设有保护按钮的设施。"在《火灾自动报警系统设计规范》中规定："消防水泵、防烟和排烟风机的控制设备当采用总线编码模块控制时，还应在消防控制室设置手动直接控制装置"，"消防水泵、防烟和排烟风机的启、停，除自动控制外，还应能手动直接控制。"

消火栓设备启动流程如图 6-8 所示。每个消火栓箱都配有消火栓报警按钮。当人为发现并确认火灾后，手动按下消火栓报警开关，向消防控制室发出报警信号，并启动消防泵。此时，所有消火栓按钮的启泵显示灯全部点亮，显示消防泵已经启动。消防泵应具有三种不同的控制方法。

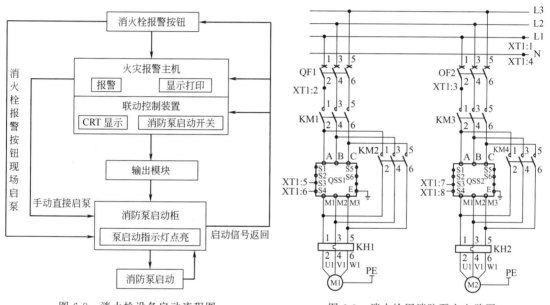

图 6-8　消火栓设备启动流程图　　　　图 6-9　消火栓用消防泵主电路图

① 消防控制室自动/手动控制启泵。在消防控制室火灾报警控制柜上接收现场报警信号（消火栓开关、手动报警按钮、感烟探测器），通过与总线连接的输入输出模块自动/手动启、停消防泵，并显示消防泵的工作状态。

② 在消火栓箱处通过手动按钮直接启动消防泵，并接收消防泵启动后所返回的状态信号，同时向报警控制器报警。

③ 手动开关直接控制。从消防控制室报警控制柜到泵房的消防泵启动柜用导线连接直接控制启动消防泵。当火灾发生时，可在消防控制室直接手动操作启动消防泵进行灭火，并显示泵的工作状态。

图 6-9 为带软启动器的消防泵主电路图，消火栓用消防泵控制电路工作原理如图 6-10 所示。消火栓用消防泵多数情况为两台一组，一用一备，备用自投，即当工作泵发生故障时备用泵延时自动投入。对于功率小于 30kW 的消防水泵可采用直接启动方式，当电动机不符合全压启动的条件时，可选择降压启动方式。

图中 SE1、…、SEn 为设在消火栓箱内的消防泵专用控制按钮，按钮上带有水泵运行指

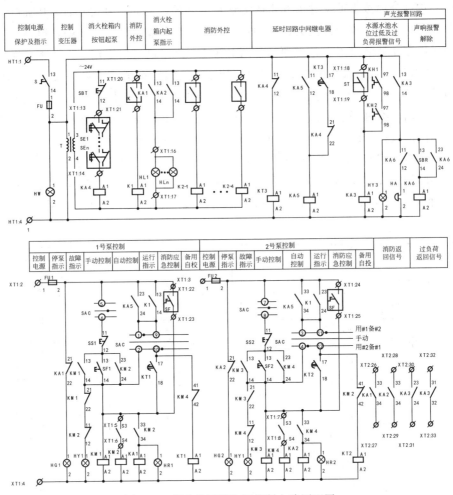

图 6-10　消火栓用消防泵控制电路原理图

示灯。各消防专用按钮 SEi 平时其常开触点闭合，使中间继电器 KA4 线圈通电，其常闭触点断开，时间继电器 KT3 线圈不通电，水泵不运转。

当发生火灾时，击碎消火栓箱内消防专用按钮的玻璃，使该按钮的常开触点恢复断开状态，控制回路断开，中间继电器 KA4 的线圈断电，其常闭触点闭合，中间继电器 KT3 的线圈通电，经延时后，其延时闭合的常开触点闭合，使中间继电器 KA5 的线圈通电吸合，并自保持。此时，当选择开关 SAC 置于 1 号泵工作，2 号泵备用的位置时，1 号泵的接触器 KM1 线圈通电，KM1 常开触点闭合，1 号泵经软启动器启动，1 号泵启动后，软启动器上的 S3、S4端点闭合，KM2 线圈通电，旁路常开触点 KM2 闭合，1 号泵正常运行。如果 1 号泵发生故障，接触器 KM1、KM2 跳闸，时间继电器 KT2 线圈通电，KT2 常开触点延时闭合，接触器 KM3线圈通电吸合，作为备用的 2 号泵启动。根据强制性条文规定，消防泵不受热继电器控制，热继电器只发出报警信号，不动作于跳闸。当选择开关 SAC 置于 2 号泵工作，1 号泵备用的位置时，2 号泵先工作，1 号泵备用，其动作过程与上述过程相类似，在此不再赘述。

由于消防用水泵过负荷热继电器只报警信号使用而不用作于跳闸，当 1 号泵、2 号泵均发生过负荷时，热继电器 KH1、KH2 闭合，中间继电器 KA3 通电，发出声、光报警信号。当水源水池无水时，安装在水源水池内的液位计 SL 接通，使中间继电器 KA3 通电吸合，其常开触点闭合，发出声、光报警信号。可通过复位按钮 SBR 关闭警铃。

在两台泵的自动控制回路中，消防外控常开触点 K 的引出线接在消防控制模块上，由消防控制室集中控制水泵的启动。启动按钮 SF 可以由导线引到消防控制室，用于应急启动消防泵控制。

在具有总线制火灾自动报警系统的建筑中，在设计时可选用带有地址编码的消火栓按钮，按钮既可以动作报警，又可以直接启动消防水泵，总之，上述介绍的自动水喷淋灭火系统和消火栓灭火系统，从控制形式上都属于纵向联动控制模式，即在消防控制中心设置自动水喷淋灭火控制柜和消火栓灭火控制柜，分别集中接受来自全楼的自动水喷淋灭火和消火栓灭火的报警信号，进行相应的声、光报警，实现对喷淋泵和消防泵的启动控制，为管网供水加压，满足现场灭火的需要。另外，在消防控制中心和水泵房，还可以由消防值班人员手动启动喷淋泵和消防泵，以提高系统灭火的可靠性。

四、防烟排烟机控制

根据国家《高层民用建筑设计防火规范》的要求，新建、扩建和改建的高层民用建筑及其相连的附属建筑都要具有防火、防排烟控制系统。在排烟支管上应设有当烟气温度超过 280℃时能自行关闭的排烟防火阀；排烟风机应在其机房入口处设有当烟气温度超过 280℃时能自行关闭的排烟防火阀。在纵向联动控制系统中，消防控制中心设置防排烟控制装置，由该装置集中控制全楼的防火门、防火卷帘门、防火阀、排烟阀、排烟风机、正压送风机及其通风和空调设施。在火灾自动报警及消防联动控制系统中，防排烟系统是重要的组成部分之一，其主要作用是防止有害有毒烟气侵入电梯前室、避难层和人员疏散通道等部位，防止有害有毒烟气扩散蔓延。防排烟设备主要包括正压风机、排烟风机、正压送风阀、防火间排烟阀、防火卷帘门和防火门等。送风机和排烟风机多采用三相异步电动机拖动，在高层建筑中，送风机通常安装在建筑物的二、三层或下技术层，排烟风机则安装在建筑物的顶层或上技术层。正压送风阀和排烟阀则安装在建筑物的过道、消防电梯前室、疏散楼梯间或无窗房间的排烟系统中。一般平时防火阀开启，排烟阀和正压送风阀为关闭状态。当发生火灾时，为了阻止建筑物内部空间不同部位的火势蔓延途径，切断火势和高温烟气沿管道迅速蔓延的通路，须按规范要求装设排烟防火阀，按防火分区装设防火门及防火卷帘门等装置。防火门、防火卷帘门和防火阀多采用电动操作，火灾时由控制柜上的手动控制按钮或报警控制器的外控触点联动控制，总线制报警控制器则通过逻辑编程，由回路总线上的控制模块联动控制。排烟防火阀在正常时为开启状态，其上面还装有熔丝自动关闭阀门机构。火灾时其周围环境温度升高到 280℃使熔丝熔断，通过阀门自动关闭机构使排烟防火阀关闭。另外防火门、防火卷帘门、排烟防火阀、排烟阀等消防设备动作后，都有相应的回馈信号送至消防控制中心，以便监视各消防设备的动作情况。

当火灾发生时，探测器报警或防火阀动作，通过总线将报警信号送至报警控制器。报警控制器通过输出模块打开相应区域内的排烟阀、送风阀，同时关闭防火分区的空调机组及电动防火阀，并启动排烟风机和正压送风机。当通过排烟口的气流温度达到 280℃时，排烟口处的 280℃熔断器熔断，连锁关闭排烟阀，并将关闭信号通过总线传送至消防控制室的报警控制器。控制器发出指令，关闭相应的排烟风机和正压送风机。

为了尽快排除室内烟雾，在建筑物中须设置防排烟设备，包括正压送风机、正压送风阀、排烟风机、排烟防火阀、排烟阀等。正压送风防烟装置主要应用于高层建筑中的疏散通道、楼梯间及其前室、救援通道的消防电梯井及消防电梯前室部位。在地下建筑和重要建筑物走廊也应采用正压送风和排烟装置，以阻止烟气向非火灾区，特别是疏散通道和救援通道等处扩散。正压风机一般在建筑物的顶部或底部只装设一台，或在顶部和底部各装设一台。正压送风阀应装设在楼梯间或消防电梯井等处，每隔 2～3 层装设一个，而在楼梯间和消防电梯前室应每层装设一个。

当发生火灾时，火灾层的探测器发出火灾报警信号，报警控制器接收到火灾信号后可发出声光报警信号并记录，显示火警地址和首次报警时间，同时对联动控制器发出指令，开启正压风机和火灾层及相邻层的正压送风阀，及时对疏散通道、救援通道、楼梯间、消防电梯井道及其前室等送入正压新风，驱散聚集的烟气。

与正压送风装置相同，排烟阀也装设在建筑物疏散楼梯间、消防电梯前室，作为防排烟系统的排烟阀。排烟风机则安装在大楼顶部，通过排烟防火阀和排烟管道与各层的排烟间连接起来。防排烟系统分为自然排烟、机械排烟、加压排烟和自然与机械混用排烟四种方式。应根据暖通专业的工艺要求和有关防火规范进行设计。

1. 防烟排烟风机应具有的控制功能

（1）总线控制功能　在控制器上可自动/手动控制送风阀、排烟阀、电动防火阀、正压风机和排烟风机的启停，并显示其工作状态。

（2）手动直接控制　从消防控制室控制柜到正压风机、排烟风机启动柜可采用手动控制方式控制。当火灾发生时，可在消防控制室直接手动操作启动正压风机和排烟风机，并显示其工作状态。正压、排烟风机启动流程如图 6-11 所示。

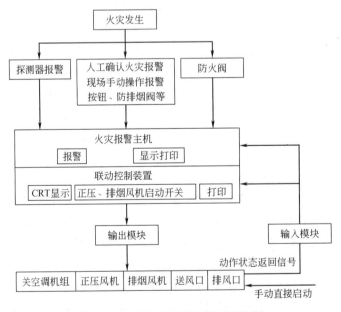

图 6-11　正压、排烟风机启动流程图

2. 排烟风机的控制原理

根据《火灾自动报警系统设计规范》中的规定，排烟风机的启、停，除自动控制外，还应有手动控制。正常情况下，排烟风机的选择开关 SA 置于"自动"位置。排烟风机的主电路见图 6-12，排烟风机的控制电路图见图 6-13。

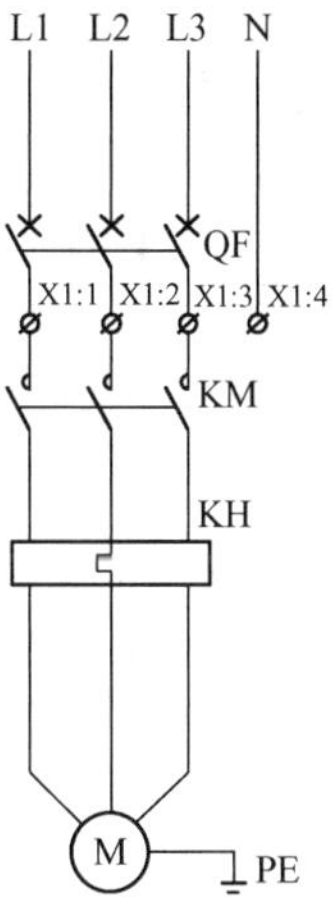

火灾发生时，与消防系统连接的消防外控常开触点 K 闭合，中间继电器 KA1 通电，其常开触点 KA1 闭合，接触器 KM 线圈通电，主触头吸合，排烟风机启动。当烟气温度达到 280℃时，排风口处的 280℃防火阀控制机构熔丝熔断，防火阀关闭，其联动外控动合触点 K1 闭合，中间继电器 KA0 通电，其常闭触点 KA0 打开，接触器 KM 线圈断电，主触头断开，排烟风机停止。

由于排烟风机过负荷热继电器只报警不动作于跳闸，当排烟风机发生过负荷时，热继电器 KH 闭合，中间继电器 KA2 通电，发出声、光报警信号。可通过复位按钮 SF2 关闭警铃。启动按钮 SF 引出线为排烟风机的控制接线，引至消防控制室，作为消防应急控制。

图 6-12　排烟风机主电路

3. 正压风机的控制原理

正压风机的启、停控制有"自动"和"手动"两种控制方式。正常情况下，正压风机的选择开关 SA 置于"自动"位置。其主电路图见图 6-14，控制电路图见图 6-15。火灾发生时，接入消防控制系统的常开触点 K 闭合，中间继电器 KA1 通电，其常开触点闭合，接触器 KM 线圈通电，正压风机启动。操作控制按钮 SS 可使正压风机停止运转。

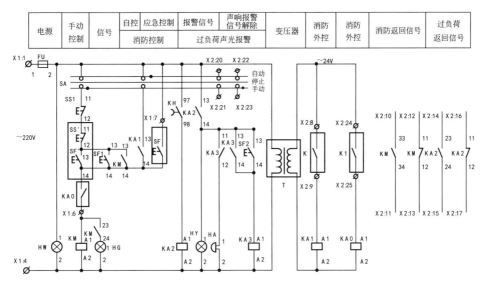

图 6-13　排烟风机控制电路图

根据国家强制性条文规定，正压风机过负荷热继电器只报警不动作于跳闸。当正压风机发生过负荷时，热继电器 KH 闭合，中间继电器 KA2 通电，发出声、光报警信号。可通过复位按钮 SF2 关闭警铃。启动按钮 SF 引出线为正压风机的控制接线，引至消防控制室，作为消防应急控制。

五、防火卷帘门和防火门的联动控制

在火灾发生时，为了防止火灾蔓延扩散而威胁到相邻建筑设施和人员的生命财产安全，

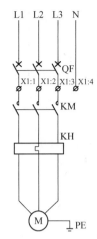

图 6-14　正压风机
主电路

需要采取分隔措施，把火灾损失降低到最低限度。常用的防火分隔设施有防火墙、防火楼板、防火门、防火阀和防火卷帘门等。防火门的设置应向疏散方向开启，并在关闭后可以在任何一侧手动开启，而防火卷帘门则多作为防火分区分隔。当采用包括背火面温升作为耐火极限判定条件时，防火卷帘门的耐火极限不应低于 3h；当采用不包括背火面温升作为耐火极限判定条件时，防火卷帘门两侧应设置独立的闭式自喷淋系统（即水幕）加以保护，系统喷水延续时间不应小于 3h。

　　防火门按其结构分为平开单扇门和平开双扇门两种型式，在门上设置的自动关门装置也有两种：一种是由装有低熔点合金的重锤拉住防火门扇，使其平时为开启状态，当发生火灾时，低熔点合金受热熔化，拉门的重锤落下，防火门便可自行关闭；另一种防火门是采用电力驱动装置，也称作电动防火门，由火灾自动报警系统联动控制，即根据有关设计规范要求，应在防火门两侧装设不同类型的专用火灾探测器，当火灾发生使防火门两侧的感烟探测器和感温探测器报警时，火灾报警控制器可发出指令，通过回路总线上的控制模块联动控制防火门驱动装置动作，使防火门关闭，同时将其关闭信号反馈至消防值班室中的主机加以显示。防火卷帘门主要用于商场、营业厅、建筑物内的中庭以及门洞宽度较大的场所，用以分隔出防火分区。与防火门要求相同，也应在防火卷帘门两侧装设不同类型的专用火灾探测器和设置手动控制按钮及人工升降装置。

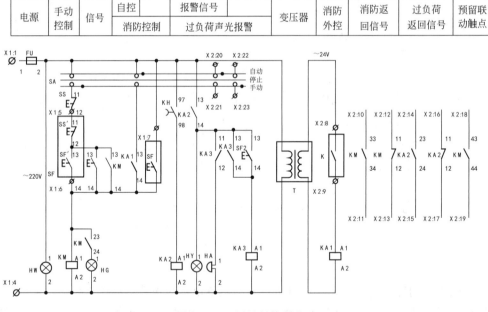

图 6-15　正压风机控制电路

　　当火灾发生时，感烟探测器首先报警，经火灾报警控制器通过回路总线上的控制模块联动控制其下降到距地 1.8m 处停止；感温探测器再报警后，经火灾报警控制器联动控制其下降到底。防火卷帘门的动作信号可通过监视模块回馈给主机进行显示，其联动控制过程如图 6-16 所示。防火卷帘门电机供电主回路如图 6-17 所示。防火卷帘门电气控制电路原理如图

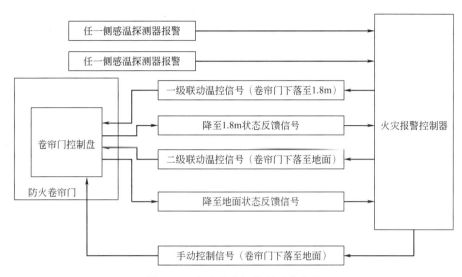

图 6-16　防火卷帘门控制动作流程

6-18 所示。

在正常情况下防火卷帘门卷起，且用电锁锁住。当火灾发生时，装设在防火卷帘门两侧的感烟探测器首先发出报警信号，通过回路总线传送给报警控制器，报警控制器经确认后对回路总线上的输出模块发出联动控制信号，其第一路常开无源输出端子 1KA 闭合，中间继电器 KA1 线圈通电吸合：①信号灯 HL 点亮，发出光报警信号；②警笛 HA 发出声报警信号；③KA1 将自锁按钮 QS1 的常开接点短接，接通控制电路直流电源；④电磁铁 YA 线圈通电，开启电锁，为防火卷帘门下放做好准备；⑤中间继电器 KA5 线圈通电吸合，接通接触器 KM2 线圈回路，KM2 通电吸合，使防火卷帘门电机转动（设为顺时针转动）拖动防火卷帘门下落。当防火卷帘门下落到 1.8m 处时，行程开关 SQ2 受到碰撞而动作，使 KA5 线圈断电，KM2 线圈也失

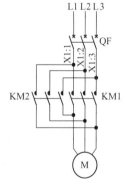

图 6-17　防火卷帘门主回路

电，防火卷帘门电机停转。防火卷帘门便停止下放（称作中位）。将行程开关 SQ2 的一对触头接入输入模块的一路无源输入端子，通过回路总线送至报警控制器进行防火卷帘门中位显示。这样既可隔断火灾初期的烟雾，也有利于灭火和人员的疏散撤离。

当火灾现场温度升高到感温探测器动作温度时，感温探测器报警，也通过回路总线传送给报警控制器，报警控制器经确认后同样对回路总线上的输出模块发出联动控制信号，第二路常开无源输出端子 2KA 闭合，使中间继电器 KA2 线圈通电吸合，其触点使时间继电器 KT 线圈通电。经延时间 30s 后其触点闭合，使 KA2 线圈通电，KM5 又重新通电吸合，防火卷帘门电机又开始转动，防火卷帘门继续下降，当防火卷帘门下落到地面时，碰撞位置开关 SQ3 使其触点动作，中间继电器 KA4 线圈通电，其常闭触点断开，使 KA5 失电释放，又使 KM2 线圈失电，防火卷帘门电机停转（称作防火卷帘门下落归底）。同时行程开关 SQ3 的一对触点接入输入模块的第二路无源输入端子，通过回路总线送至报警控制器进行防火卷帘门下位显示。

当火灾扑灭后，按下消防控制室的防火卷帘门卷起按钮 SB4 或现场就地卷起按钮 SB5，

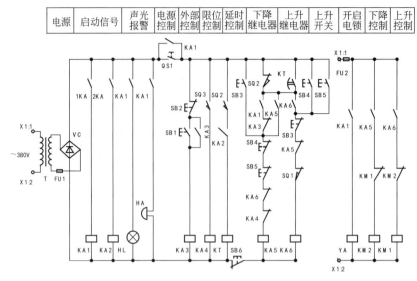

图 6-18　防火卷帘门电气控制电路原理图

均可使中间继电器 KA6 线圈通电，使接触器 KM1 线圈通电，防火卷帘门电机转动（设为逆时针转动），防火卷帘门上升，当上升到顶端时，碰撞位置开关 SQ1 使之动作，使 KA6 失电释放，KM1 失电，防火卷帘门电机停止，上升结束。

　　有些消防工程设计只采用专用感烟探测器，火灾时感烟探测器报警，通过回路总线将火灾信号传递给报警控制器。报警控制器接收到火灾信号后，经确认再对回路总线上的控制模块发出指令，联动控制防火卷帘门下降至 1.8m 处，然后自动延时 30s，防火卷帘门下落归底。同样防火卷帘门的动作位置状态仍应通过监视模块反馈至消防值班室，报警控制器进行位置显示。

　　图 6-19 所示自动报警与消防联动系统图为某住宅的自动报警与消防联动系统图的一部分。从原理图可以看出，该建筑的不同单元的高度不同，最高的单元为 16 层，最低处为 11 层，在 16 层的建筑对应的位置还有地下一层。实际上该建筑共有 8 个单元，把每个单元划分为一个垂直防火分区，从 USC-2000 报警主机输出端可以看出，该系统共有 8 个短路隔离器，每个短路隔离器后面的检测区域对应一个防火分区。因图面尺寸所限，该系统图上只画出了 3 个单元的系统设计结果，但可以较全面地了解自动消防报警系统的工作原理和设计内容。

　　由图 6-19 可以看出，报警主机 USC-2000 设在一层，图中符号 ZR-BV 3X4（220V/AC）表明，通过 3 根 4mm² 耐压 500V 的铜质阻燃电缆为主机供电，电压等级为 220V 交流。图中符号 BV 1X25 与接地符号表明主机通过 1 根 25mm² 聚氯乙烯单芯导线作为系统接地，在设计说明中有接地小于 1Ω 的要求。标注"至消防控制中心"/4S40 的线条，表明本自动报警与消防联动系统，是通过 4 根直径为 40mm 的钢管与消防控制中心连接的，以完成消防报警与联动控制信息与集中报警控制器的信息传输。

　　在建筑物中每层都设有感烟探测器、手动按钮、消火栓按钮、声光报警器等。感烟探测器用于对火灾发生时的烟雾进行自动检测报警，当烟雾浓度达到一定程度时，感烟探测器就会发出报警信号，报警信号通过其自身的编码底盘发送到火灾自动报警控制器上，火灾自动报警控制器会根据报警信号的地址信息确认火灾发生的位置，在发出声光报警信号的同时记

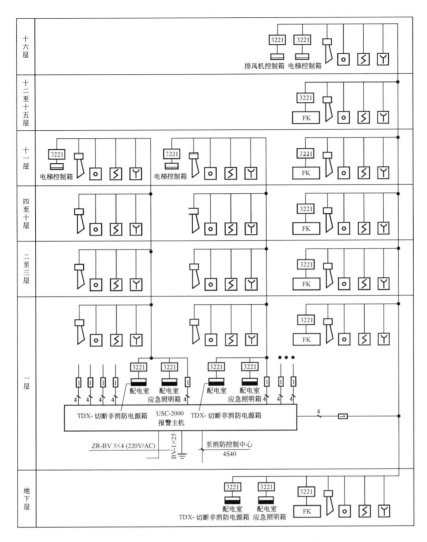

图 6-19　自动报警与联动系统原理图（局部）

录火警发生的时间、部位等信息，并向消防控制中心传送火警信息，消防控制中心再根据设定的消防控制流程采取相应的消防控制措施。手动按钮的作用是为人工报告火警提供手段，一般安装在走廊过道人员易于到达和易于发现的位置。当有人发现火警时，可以通过手动按钮向火灾自动报警控制系统发送火警信号，手动按钮也有编码底座，报警信号传输过程与感烟探测器的报警信号的传输过程相同。消火栓按钮一般安装在消火栓旁，消火栓按钮的作用有两个，当按下消火栓按钮时，一方面向火灾自动报警控制器发出火灾报警信号；另一方面会自动启动消防水泵，为消防供水系统加压。在消防按钮上有一个水泵启动指示灯，当消防水泵启动后，建筑物内的各个消火栓按钮上的指示灯会同时点亮，已表示消防水泵已经启动。声光报警器是可以发出声音和可见光的报警器，火灾报警控制系统可以通过其编码底盘有选择地对其进行报警控制。在需要报警的区域让其报警，在不需要报警的区域不让其报警，可以使整个防火救灾过程按消防救灾预案有条不紊地进行。

在一层的配电室中，设有应急照明箱和 TDX-切断非消防电源箱，当发生火警并确认火灾发生时，自动报警与联动消防控制器将发出控制命令，通过 3321 输出模块分别切断非消防电源和接通应急照明电源，确保人员疏散所需的疏散照明的电力供应，也可以防止火灾沿非消防电力线路的蔓延。在各个防火分区的电梯机房里，都设有电梯控制模块，在确认火灾的情况下，自动报警与消防联动控制器发出控制命令，通过 3221 模块控制电梯自动迫降到一层。在建筑物的最高层，设有排烟风机，在各层设有排烟阀。根据消防排烟控制要求，当某层发生火灾时，应该及时开启排烟风机，同时开启火灾层及相邻上、下两层的排烟阀，及时将烟气排除室外，以保证楼内人员安全疏散和消防人员的正常消防灭火工作。在排烟支管上设有当烟气温度超过 280℃ 时能自行关闭的排烟防火阀；排烟风机在其机房入口处设有当烟气温度超过 280℃ 时能自行关闭的排烟防火阀。以上措施可以防止火灾沿排烟风道蔓延情况的发生。

图 6-20 为 16 层单元对应的一层消防平面图。图中可以看到火灾报警控制器的检测控制线路由水平方向引入。在电梯前庭和走廊各设有一个感烟报警探测器，排风阀在风井旁，消火栓按钮、手动报警按钮及声光报警器都设置在电梯前庭的走廊墙壁上。还有一个向上和一个向下的箭头表明报警线路分别通过保护管向地下一层和向二层方向引出。

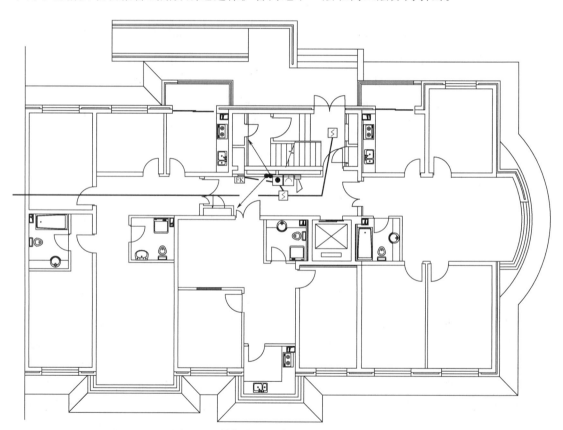

图 6-20　某住宅一层消防平面图（一单元）

图 6-21 为 16 层单元对应的地下室消防平面图。向下箭头表明地下一层的消防报警检测控制线路从该点引入，在电梯前庭和走廊处各设有一个感烟火灾报警传感器探头，在电梯前庭设置了手动火灾报警按钮、消火栓按钮和声光报警器。在地下一层还设有切断非消防电源控制箱，通过 3221 消防控制模块控制其动作，在发生火灾时自动切断非消防电源，以防止火灾沿非消防电源蔓延，同样在地下还有应急照明控制箱，也是通过 3221 模块其动作，当发生火灾时，及时接入应急照明电源，以确保人员的疏散和消防人员的救火工作的正常

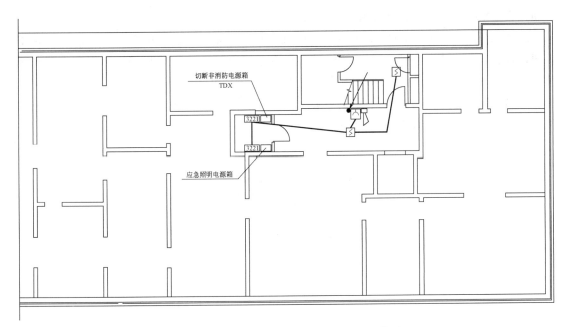

图 6-21 某住宅地下一层消防平面图（一单元）

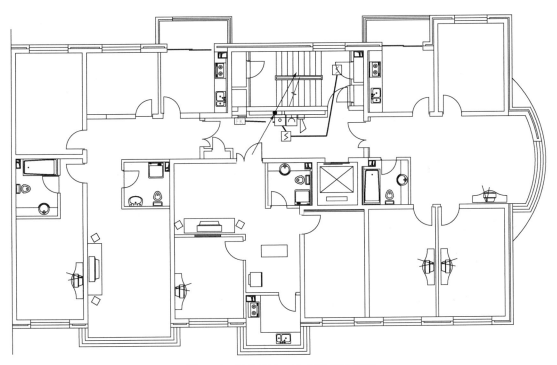

图 6-22 某住宅 2～15 层消防平面图

进行。

图 6-22 为 16 层单元对应的 2～15 层消防平面图。两个向上的箭头表明该层的消防报警检测控制线路从楼下引入，同时又向上引出。箭头处的圆点可以认为是穿线保护管，保护管从楼下消防报警接线盒处引入到本层的消防报警接线盒，又从该接线盒向上接到楼上的消防报警接线盒。在电梯前庭和走廊处各设有一个感烟火灾报警传感器探头，在电梯前庭设置了

手动火灾报警按钮、消火栓按钮和声光报警器。

　　图 6-23 为 16 层单元对应的 16 层（电梯机房）消防平面图。图中向上箭头表示消防报警通信控制线由楼下引上来，在电梯机房内设置了 3 个消防报警感烟探头，有一个手动按钮，通过两个 3221 联动控制模块分别控制电梯主开关箱和排烟风机开关箱，当确认火灾发生时，消防报警控制器通过通信网络控制电梯迫降到 1 层，控制排烟风机启动，排出火灾层的烟雾，以便人员疏散和消防工作的正常进行。

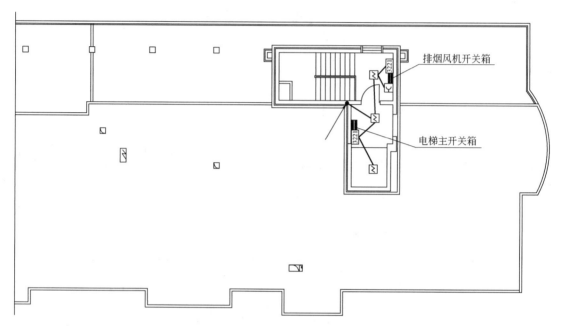

图 6-23　某住宅 16 层（电梯机房）消防平面图

第四节　安全防范系统施工图的识读

一、安全防范系统基础知识

1. 安全防范系统基本功能

　　安全防范系统的基本功能是使建筑能够具有防范、报警、监控、记录的功能。所谓安全防范，主要就是使可疑人不可进入或进入实施犯罪活动时能够及时地察觉，通过向有关部门的报警，采取对应的措施阻止犯罪活动的进行，以及对罪犯的抓捕。报警的同时系统应能对现场图像和声音信号进行记录和监视，以便采取行动和保存证据。

　　安全防范系统一般由门禁系统、防盗报警系统和电视监控系统三部分组成。门禁系统一般由控制开关控制，通过声音图像确定是否开门或由来者持卡进入。防盗报警系统可由红外感应、超声波、雷达、门磁开关等装置来触发和控制。

2. 访客可视对讲系统

　　可视对讲系统，又称访客对讲系统，它的作用是为来访客人与住户之间提供双向通话和可视通话，且由住户遥控防盗门的开关或向保安管理中心进行紧急报警的一种安全防范系统。

小区楼宇对讲联网系统是根据我国实行封闭式管理住宅小区的特点专门设计的产品。它针对分布式住宅小区的管理特点进行功能规划，如多通道内部通讯、双向互叫对讲、住户报警、防盗防灾报警等等，把单纯访客开门提升到多功能综合管理层面上，对提高小区安全管理、方便住户起到积极的作用。

可视对讲系统由视频、音频和可控制防盗安全门等系统组成。视频系统的摄像机可以是彩色的也可以是黑白的，最好选用低照度摄像机或外加灯光照明，摄像机的安装要求隐蔽且防破坏。户主从监视器的屏幕上看到访客的形象并且与其对话，决定是否打开可控制的防盗安全门。可视对讲系统的目的除了维护大楼的安全、正常生活以外，另外一个同样重要的目的是服务于管理、给管理提供现代化的手段。

可视对讲系统主要由以下几部分组成。

（1）可视对讲主机　安装在单元门口，具有呼叫住户、对讲通话、监视、开锁等功能。主机呼叫分机：在主机上直接输入所要访问的房间号，该分机有振铃并且视频被打开，此时该分机摘机可与主机双向通话，同时显示访客形象，可按"开锁"键开启主机电锁。主机还与管理系统相连接通过管理系统可监控设备运行以及进行管理。

（2）室内对讲分机　访客在单元门主机按要访问住户对应号码按钮，呼叫分机，分机有振铃声，主人拿起听筒即可与访客通话，同时显示访客图像，确认访客后，按键开启单元门电锁。主人可以在挂机状态按"监视"键，监视单元门口情况。

（3）电源箱　电源箱为12/18V不间断电源箱，一个单元用一台给主机供电，如单元分机超过12台，需增加一台电源供电。可自带蓄电池，平时为蓄电池进行浮充电，停电时能自动转为蓄电池供电方式。

（4）工程用线　可视对讲系统的配线主要考虑视频传输和音频传输以及电源供电和电子锁的控制。配线时，应根据线长和系统的负荷以及建筑物内布局和电气、电磁情况来灵活设计，在正常情况下，信号线的主干线与分户线应配线一致。电源线也与信号线配线一致，线长按最高楼层来计算。采用RVVP-4×0.5＋SYWV-75-5线材穿PVC25沿墙敷设。

3. 监控系统

电视监控系统是楼宇安防系统的重要组成部分，通过实时的电视监控能够及时地发现和反映监视对象，防止违法犯罪活动的发生，对所监视的内容进行录像以备事后作为证据和线索进行查找提高了安防系统的准确性和可靠度，保安人员可以通过电视屏幕墙观察到各个角落。

工作过程是通过安装在关键点的摄像机摄入图像及声音信号通过同轴电缆和导线传输到控制设备上，反映在电视屏幕墙上，同时计算机记录数码信号，需要的画面和声音可以切换到主屏幕上，显示现场图像和声音，可以遥控摄像机上的镜头和旋转云台，搜索监视目标，使监视范围更大。

监控系统主要由以下部分组成。

（1）摄像机　摄像机可以通过镜头及电子装置将图像转换成视频信号，还可以附带麦克风将声音转换成音频信号。摄像机还可分为普通正常照明室内、室外摄像机和暗光室内、室外摄像机和室内、室外无照明的红外摄像机。结构上还有固定式、可旋转式（带旋转云台）、球形（360°水平旋转、90°垂直旋转）、半球形吸顶安装（可上下左右旋转）。

（2）传输系统　监视现场和控制中心之间有两种信号传输：一是现场传输到控制中心的视频信号，二是有控制中心传输到现场的控制信号。在控制中心距现场较近（100m以内）时，多采用视频基带同轴电缆，同轴电缆应套金属管，并远离强电线路。长距离传输视频及控制信号时，采用光缆。控制电缆通常是用于控制云台及电动可变镜头的多芯电缆，它一端连接于控制器或解码器的云台、电动镜头控制接线端，另一端则直接接在云台、电动镜头的相应端子上。常用的控制电缆大多采用6芯电缆或10芯电缆，如RVV-10/0.12等。其中6芯电缆分别接于云台的上、下、左、右、自动、公共6个接线端，10芯电缆除了接云台的6个接线端外还包括电动镜头的变倍、聚焦、光圈、公共4个接线端。

在闭路电视监控系统中，从摄像机到解码器的空间距离比较短（通常都是在几米范围内），因此从解码器到云台及电动镜头之间的控制电缆一般不作特别要求，而出控制器到云台及电动镜头的距离少则几十米，多则几百米，在这样的监控系统中，在这样的系统中，对控制电缆就要有一定的要求，即线径要粗，因此控制信号长距离采用粗线径的导线，如RVV-6/0.5或RVV-6/0.75等。

通信电缆一般是指接于系统主机与解码器之间两芯线，一般采用RVV-2/1.5的护套线，可以将通信长度达到2000m以上。

（3）控制设备　控制设备主要有视频切换器、视频分配器、画面分割器。

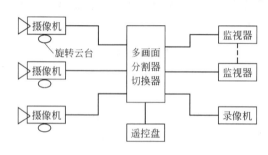

① 视频切换器　视频切换器是一个多入少出的切换装置。在电视监控系统中，为了节省监视器和录像机，通过视频切换器的（手动或自动）切换将轮流监视各路视频输入信号。

② 视频分配器　视频分配器是一个多输出的视频放大器，它可把一路视频信号送到多个显示器和记录设备。

③ 画面分割器　画面分割器可以实现在一个监视器上同时看到几个输入视频信号，也可以用同一台录像机同时录制多路视频信号。

图6-24　电视监控系统方框图

电视监控系统方框图见图6-24。

4. 停车场自动管理系统

停车场自动管理系统可以防止车辆被盗和实施自动收费等，是现代建筑不可缺少的组成部分。系统的组成及工作过程如下。

（1）系统的组成　中央控制计算机、自动识别装置、挡车器、监控摄像机、收费装置等设备。

（2）系统工作过程　当车辆进入时通过感应器检查IC卡，对该车的有关资料进行登记，打开电动闸门，允许车辆进入。当车辆离场时，检查IC卡核对有关资料，计算停车时间和费用，并在卡中扣除开门放行。如密码资料不符则不允许进出。检测车辆进入离开通过地面设置的感应器检测并送到计算机确认。

5. 防盗报警系统

防盗报警系统主要有如下各种防卫装置：

（1）可控硅防盗报警器 主要由检测装置和警铃驱动部分组成，检测装置可通过隐蔽的易断细导线隐蔽布置，如门窗或墙壁等盗贼必经之处，一旦断开改变可控硅的触发电位，使可控硅导通使继电器得电工作，继电器常开接点接通警铃供电线路，使警铃报警。

（2）电磁式防盗报警器 主要由干簧管继电器作为检测装置，当磁铁与干簧管接近时干簧管的铁磁电极被磁化形成电磁吸力接点接通，磁铁离开电极失磁接点断开。检测装置控制报警装置根据检测状态发生变化进行报警。一般将检测装置设置在门窗上，一旦门窗打开，即磁铁离开干簧管继电器，电极断开即行报警。此类报警器可以进行多点检测，实施安全防范。

（3）红外报警器 红外报警器属于非接触式报警器，它是利用一个不与报警物相接触的传感器来检测报警物某些物理量的变化，控制报警电路工作，这种报警系统具有独特的优点，即在相同的发射功率下，红外线具有极远的传输距离，由于属不可见光，入侵者难以发现及躲避它，因此可昼夜监控，所以红外技术在入侵盗报警领域被广泛应用。

红外报警分为主动式和被动式两类。主动式分为两种。第一种是通过发射红外线与被检测物，如人从检测区域通过则发生反射，接收系统接收反射信号报警，因设有记忆电路当人走过后仍能继续报警。结构图见图6-25。第二种是远距离

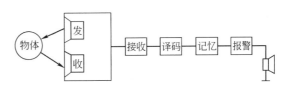

图 6-25 主动式红外报警结构图（一）

监测红外报警器，也属于主动式红外报警，报警器的红外发射器和接收器分开安装，在发射器和接收器之间形成一个红外警戒区，其电路方框图如图6-26所示。从发射器发出的红外线信号经过警戒区域被接收器接收，接收器收到这个信号后经放大译码，控制报警发生器电路不报警，当有人经过警戒区域时，人体阻断了发射器上的红外线信号，接收器收不到这个信号，经译码电路后使报警器电路工作，报警扬声器发出报警声响。这种系统具有灵敏度高、可靠、抗干扰能力强的特点，同时还设有一个自动偏压控制电路，因此能在强光下工作，适用于各种警戒范围较大的地方使用。被动式红外报警器采用热释放红外线传感器作为检测元件，它具有灵敏可靠，检测范围大等优点，适合各种贵重物品仓库、商店、家庭等应用。图6-27为该报警器的原理图，它由传感器、放大器、电平比较器、驱动记忆电路、报警发声电路等单元电路组成。该报警器是利用热红外线传感器（对人体辐射的红外线信号非常敏感）经菲涅耳透镜获得信号，达到红外传感器进行检测再将信号放大，滤波器滤去高频干扰信号，再与基准电平比较，当输出电信号幅度足够大时，比较器输出控制电压而作用驱动记忆电路，驱动记忆电路便打开警报器电源，从扬声器发出报警声。

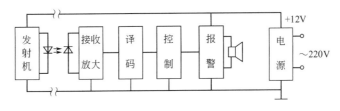

图 6-26 主动式红外报警结构图（二）

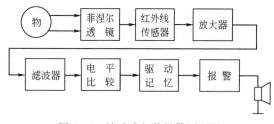

图 6-27　被动式红外报警原理图

此外还有雷达闯入探测器报警系统、自动电话拨号器等。雷达闯入探测器报警系统的原理是利用探测器发射一种恒速的电磁波，当发射的电磁波被可疑物体反射接受并放大识别后进行报警，原理与主动式红外报警器类似。自动电话拨号器可以受按钮、闯入或火灾传感器的控制而动作，如将其他报警器的线路与自动电话拨号器联动，可以实现防盗报警。

二、实例

1. 保安闭路电视监控系统

图 6-28 为某大楼保安闭路电视监控系统图。该建筑地下 1 层，地上 8 层，地下 1 层为停车场，地上 8 层为住宅。地下层在 2 个楼梯出口设置 2 个监控摄像头，地上部分每层住宅的 4 个楼梯出口设置 4 个监控摄像头，摄像头可以通过在 1 层的控制中心进行控制。为能使系统图更清楚，其他栋楼未在图中反映，只是表示一栋建筑的部分。对小区入口设置了自动安检及停车收费管理装置，通过 IC 卡进行管理。入门有摄像监控，管理系统设在门卫值班室。具体技术指标如下。

① 保安室设在 B 栋一层与消防中心共室，内设矩阵主机、十六画面分割器、视频录像、监视器及～24V 电源设备等。视频自动切换器接受多个摄像点信号输入，定时自动轮换（1～30s）输出监控信号，也可手动任选一个摄像机的画面跟踪监视、录像、打印。系统矩阵主机带输入输出板、云台控制及编程、控制输出时日、字符叠加等功能。～24V 电源设备除向各摄像机供电外，还负责保安室内所有保安闭路电视系统设备供电。

② 在建筑的地下汽车库入口，各层电梯厅等处设置摄像机，要求图像质量不低于四级。

③ 图像水平清晰度，黑白电视系统不应低于 500 线，彩色电视系统不应低于 380 线，图像画面的灰度不应低于 8 级。

④ 保安闭路监控系统各路视频信号，在监视器输入端的电平值应为 1Vp～p±3dBVBS。

⑤ 保安闭路电视监控系统各部分信噪比指标分配应符合：摄像部分 40dB；传输部分 50dB；显示部分 45dB。

⑥ 保安闭路电视监控系统采用的设备和部件的视频输入和输出阻抗以及电缆电阻阻抗均应为 75Ω。

⑦ 摄像机至保安室预留两根 SC20 管。

⑧ 本系统所有各种器件均由承包厂商成套供货，并负责安装、调试。

⑨ 停车场管理系统：本工程在地下车库设一套停车场管理系统。采用影像全鉴系统，对进出的内部车辆采用车辆影像对比方式，防止盗车；外部车辆采用临时出票机方式。系统应具备：a. 自动收费、收费显示、出票机有中文提示、自动打印收据；b. 出入栅门自动控制；c. 入口处空车位数量；d. 使用过期票据报警；e. 物体堵塞验卡机入口报警；f. 非法打开收款机钱箱报警；g. 出票机内票据不足报警等。本系统所有各种器件均由承包厂商成套供货，并负责安装、调试。

2. 可视对讲系统

图 6-29 为可视对讲系统图。该建筑为 8 层，为清楚起见只显示两个单元，主要有门口

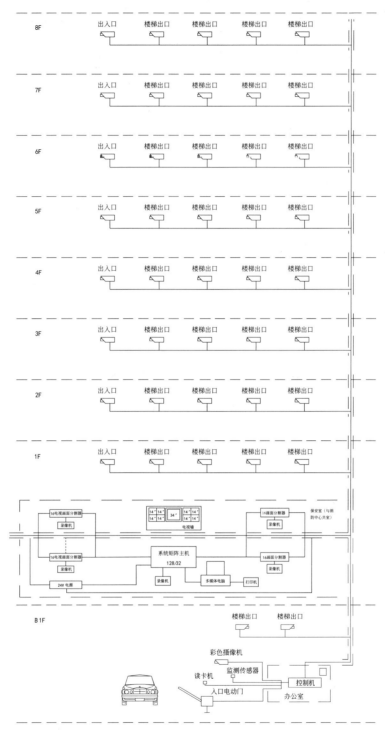

图 6-28　楼宇监控系统图

机和户内机以及控制线路，此外对小区内的各单元还可通过管理机进行管理，对监控情况可以进行记录打印等。

3. 系统组成

本楼宇保安对讲系统主要由管理员机、数码式门口机、解码器、系统电源、报警电源、

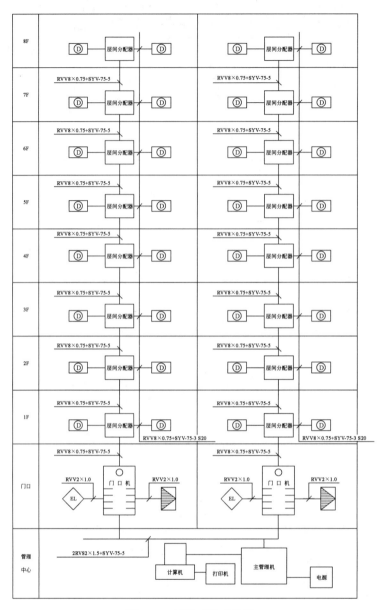

图 6-29　可视对讲系统图

安保型非可视住户话机、报警探头等设备组成。

4. 系统主机设备技术说明及技术参数

管理员机在保安值班室内安装，用于与来访者或住户双向对讲，接收住户报警信号并进行信号处理及向中央计算机传递。住户话机用于与来访者通话，开启防盗门，可与管理员通话，室内分机上带一路报警。住户话机通常挂墙安装在住户家中，安装高度以距地 1.4～1.5m 为宜。外形简洁、优雅，环境协同性好，接受访客呼叫并监视，遥控开锁可呼叫管理中心并直接通话四路报警防区。

5. 电源

系统电源提供住宅楼对讲系统的用电，具有高低压保护及停电保持功能，安装于门口机附近。每个门口机用一台系统电源，一般每16～24户用一台。

6. 工程用线

电源线也与信号线配线一致，线长按最高楼层来选择。采用RVVP-4×0.5＋SYWV-75-5线材穿PVC25沿墙敷设。

单元门对讲系统在一楼入口处设电源箱及门机，各户设对讲分机。对讲门口机安装单元防盗门上，对讲电源箱墙上暗装，中心距地1.8m，智能家居终端分线盒墙内暗设，距地1.4m。燃气报警及紧急求助功能均由住宅对讲系统完成。

第五节 电话通信系统施工图的识读

一、基础知识

1. 电话系统的组成

电话通信系统由电话交换设备、传输系统和用户终端设备三部分组成。交换设备主要有电话交换机，是接通电话用户之间通信线路的专用设备。电话传输系统按传输媒介分为有线传输和无线传输两种。用户终端设备是指电话机、传真机计算机终端等。交换设备主要就是电话交换机，是接通电话用户之间通信线路的专用设备。电话交换机发展很快，它从人工电话交换机（磁石式交换机、共电式交换机）发展到自动电话交换机，又从机电式自动电话交换机（步进制交换机、纵横制交换机）发展到电子式自动电话交换机，以至最先进的数字程控电话交换机。程控电话交换是当今世界上电话交换技术发展的主要方向，近年来已在我国普遍采用。传输系统按传输媒介为有线传输（明线、电缆、光纤等）和无线传输（短波、微波中继、卫星通信等）。

2. 电话系统的一般规定

① 电话设计必须做到技术先进、经济合理、灵活畅通和确保质量，并应符合市话通信网的进网条件及技术要求。

② 电话用户线路的配置数量应以满足建设单位提出的要求为依据，并结合实现办公现代化需要和提高电话普及率等因素综合确定，一般按初装电话机容量的130%～160%考虑。

③ 当电话用户数量在50门以下，而市话局又能满足市话用户需要时，可以直接进入市话网。

④ 电话站初装机容量宜按电话用户数量与近期发展的容量之和再计入30%的备用量进行确定。

3. 电话线缆和电话线的选择

住宅楼电话配线的要求主要是对电话电缆引入住宅楼及住宅楼电话暗配线方面的要求。电话暗配线系统是由弱电竖井、电话电缆暗敷设管道、电话线暗敷设管道、电话分线箱、过路箱、过路盒和电话插座组成。在建筑配管中，管材可分为钢管、硬聚氯乙烯管、陶瓷管等，现广泛采用钢管及硬聚氯乙烯管。电缆交接间的要求主要是对位置、面积、通风、配电、接地等方面的要求。

电话线缆一定要引入楼内的地下电话支线管道，电话支线管道必须与小区电话主干道连通；当由电话支线管道直接引入住宅楼综合布线箱时，常在住宅楼处设置人孔；电话支线管道的管孔数量应满足其相应服务区内终期电话线对数的需求，且管孔数量不得少于 2 孔。由住宅楼内电缆交接间或分线箱引至住宅楼外入孔的电话支线管道必须采用镀锌钢管，镀锌钢管内径不应小于 80mm，壁厚为 4mm。支线管道的埋深不小于 0.8m。电话线应采用双股多芯塑料绝缘铜线。每股导线总截面不得小于 0.2mm^2。

居民区的电话工程均由电信管理部门统一管理，用户电话量可按下面原则估算。

① 每套住宅区电话线路一般按 1～2 对设计。

② 小区的物业管理部门屋顶预留办公外线电话。

③ 每 250 户平均预设公用电话一部。

④ 配套的公共设施如中小学、商店、医疗、饭店等按建设单位要求放置。

⑤ 居住区住宅小区面积每 1×10^5 m^2 应预留电话交接间一处，面积大于等于 12m^2。

⑥ 居住区的电信局、所的设置以电信部门的要求设计。居住区的电话外线工程路由及管控数量由电信部门确定。

在建筑物中比较集中缆线也大量采用金属线槽明敷的方式，容纳的根数见表 6-5。

表 6-5　电缆敷设

电缆、电线敷设地段	最大管径限制	管径利用率/%	管子截面利用率/%
		电缆	绞合导线
暗设于地层地坪	不作限制	50～60	30～35
暗设于楼层地坪	一般≤25mm 特殊≤32mm	50～60	30～35
暗设于墙内	一般≤50mm	50～60	30～35
暗设于吊顶内或明敷	不作限制	50～60	25～30(30～35)
穿放用户线	≤25mm		25～30(30～35)

4. 电话线路敷设要求

① 线路的引入线位置不应选择在邻近易燃、易爆、易受机械损伤的地方。

② 引入位置和线路的敷设，不应选择在需要穿越高层建筑的伸缩缝（或沉降缝），主要结构或承重墙等关键部分，以免对电话线路产生外力影响，损坏电话电缆。

③ 线路当利用公共隧道敷设时，应尽量不与电力电缆同侧敷设，并尽量远离电力电缆。电话线路还应与其他设备管道之间保持一定的距离。

④ 电话引入线尽量选择建筑物的侧面或后面，使引入处的手孔或人孔不设在建筑物的正面出入口或交通要道上。

⑤ 电话电缆引入建筑时，应在室外进线出设置手孔或人孔，由手孔或人孔预埋钢管或硬质 PVC 管引入建筑内。电话用户线路的配置一般可按初装电话容量的 130%～160% 考虑。电话外线工程路由及管孔数量由电信部门确认。

⑥ 多层及高层住宅楼的进线管道，管孔直径不应小于 80mm。多层住宅当按 2～3 个单元一处进线组织暗管系统，塔式高层住宅当按一处进线组织暗管系统，板式高层住宅，如果

采用一处进线组织暗管系统不能满足下面要求时，可按一处以上进线组织暗管系统：a. 暗管水平敷设没超过 30m 时，电缆暗管中间加过路箱，通信线路暗管中间应加过路盒；b. 暗管水平敷设必须弯曲时，其线路长度应小于 15m，且该段内不得有 S 弯，弯曲如超过两次时，应加过路盒。

⑦ 居住区的电话局、所的设置按电信部门的设计办理。其面积可按 $0.15m^2$/门估算。

室外直埋电话电缆在穿越车道时，应加钢管或铸铁管等保护。

室内管路采用暗敷时，应注意以下事项。

① 管路应与其他管线保持一定距离。

② 管路的直线敷设长度一般不宜超过 30m，管路长度如超过 30m 时，应加管线过路盒。

③ 管路一般不与配线电缆同穿一根管内。穿用户线的管路管径不应过大，一般不超过 25mm。

④ 暗管如弯曲时，其弯曲的夹角不应大于 90°。暗管的弯曲半径在敷设电缆时，不得小于钢管外径的 10 倍；敷设塑料导线时，不得小于钢管外径的 4 倍；用户线管暗管不得小于钢管外径的 4 倍。如有两次弯曲，应把弯曲处设在暗管的两端，这时暗管长度应缩短到 15m 以下，并不得有 S 弯。暗管及其他管线间最小净距离见表 6-6。

表 6-6 暗管及其他管线间最小净距离

与其他管线关系	电力线路	压缩空气	给水管	热力管(不包封)	热力管(包封)	煤气管
平行净距/mm	150	150	150	500	300	300
交叉净距/mm	20	20	20	500	300	20

5. 技术要求

① 电话电缆采用型号为 HYV 型（铜芯聚乙烯绝缘聚氯乙烯护套市话电缆）或型号为 HYA 型（铜芯聚乙烯绝缘涂敷铝带屏蔽聚氯乙烯护套市话电缆）。型号为 HPVV 型（铜芯聚氯乙烯绝缘聚氯乙烯护套配线电缆）线径 0.5mm 的电缆，电缆的终期电缆芯数利用率小于或等于 80%。

② 电话线采用 HYV—$2 \times 0.5mm^2$ 或 HPV—$2 \times 0.5mm^2$，RVS—$2 \times 0.2mm^2$，RVB—$2 \times 0.2mm^2$ 电线。由电话分线箱至电话插座间暗敷电话线的保护管，可采用钢管（SC 或 RC）或电线管（TC），硬质聚氯乙烯（PC）管。在弱电竖井内可在线槽内敷设。

③ 有特殊屏蔽要求的电话电缆，应采用钢管作为保护管，且应将钢管接地。

④ 过路盒及电话出线盒内部尺寸不小于 86mm(长)×86mm(宽)×90mm(深)。电话出线盒上必须安装电话插座面板，其型号为 SZX9—06。过路盒上必须安装尺寸与电话插座面板相同的盖板。

⑤ 根据所安装的场所不同，电话插座类型可选择防尘或防水型。电话分线箱及过路箱嵌入墙内安装时，其安装高度为底边距地面 0.5～1.4m。电话分线箱在弱电竖井内明装时，其安装高度为底边距地面 1.4m。过路盒及电话出线盒安装高度为底边距地面 0.3m。电话暗敷设管线之间保持必要的间距。

6. 多层住宅电话配线系统示例

多层住宅电话配线系统设计方案有四种，这四种设计设计方案中小区市话电缆从室外引入楼内方式相同，只是由室外电缆引入处电话分线箱至住户电话插座线路的路径不同。

（1）第一种方案　在各单元的各层均设置电话分线箱，室外电缆引入处设置一个 100 对电话分线箱，其他单元的一层设置一个 30 对电话分线箱，所有单元二层设置一个 30 对电话分线箱，三层、四层各设置一个 20 对电话分线箱，五层、六层各设置一个 10 对电话分线箱。从室外电缆引入处电话分线箱引至每个单元一层电话分线箱一根 30 对电话电缆，一层电话分线箱引至二层电话分线箱一根 25 对电话电缆，二层电话分线箱引至三层电话分线箱一根 20 对电话电缆，三层电话分线箱引至四层电话分线箱一根 15 对电话电缆，四层电话分线箱引至五层电话分线箱一根 10 对电话电缆，五层电话分线箱引至六层电话分线箱一根 5 对电话电缆，再经各层电话分接箱将电话线分配至各住户的电话插座上。多层住宅楼电话配线系统的第一种方案见图 6-30 中的 1 单元。

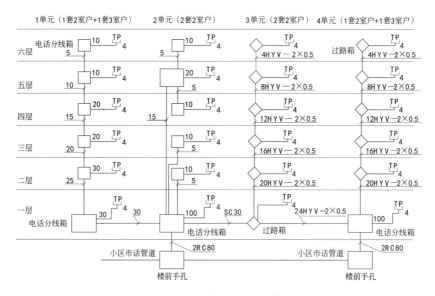

图 6-30　多层住宅电话配线图

（2）第二种方案　在各单元的各层均设置电话分线箱，室外电缆引入处设置一个 100 对电话分线箱，在其他单元的一层设置一个 30 对电话分线箱，所有单元的五层各设置一个 20 对电话分线箱，其他各层各设置一个 10 对电话分线箱。从室外电缆引入处电话分线箱引至每个单元一层电话分线箱一根 30 对电话电缆，从各单元一层的电话分线箱引至五层的电话分线箱一根 15 对电话电缆，从各单元一层的电话分线箱和五层电话分线箱引至其他层的电话分线箱各一根 5 对电话电缆。再经各电话分线箱将电话线分配至各住户的电话插座上。多层住宅楼电话配线系统的第二种方案见图 6-30 中的 2 单元。

（3）第三种方案　除室外电缆引入处设置一个 100 对电话分线箱以外，其他各单元各楼层均不设置电话分线箱。从室外电缆引入处电话分线箱将电话线直接引至各住户的电话插座上。多层住宅楼电话配线系统的第三种方案见图 6-30 中的 3 单元。

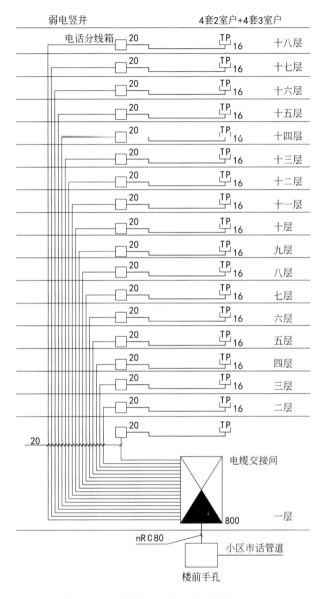

图 6-31　高层住宅电话配线系统图（一）

（4）第四种方案　在室外电缆引入处设置一个 100 对电话分线箱，其他单元的一层设置一个 30 对电话分线箱。从室外电缆引入处电话分线箱引至其他单元一层电话分线箱各一根 30 对电话电缆，经各单元一层电话分线箱将电话线分配至各住户的电话插座上。多层住宅楼电话配线系统的第四种方案见图 6-30 中的 4 单元。

7. 高层住宅电话配线示例

高层住宅电话配线方案有三种，这三种方案均在高层住宅楼一层（或地下一层）安排一间房间作为电缆交接间，在电缆交接间内安装本楼的电话电缆交接设备。电话分线箱和电话电缆均安装在弱电竖井内。

（1）第一种方案　在一层（或地下一层）的电缆交接间内设置一套 800 对电话电缆交接

设备，在各层弱电竖井内均设置一个 20 对的电话分线箱。从本楼的电话电缆交接设备分别引至各层电话分线箱一根 20 对电话电缆，经各层电话分线箱将电话分配至各住户的电话插座上。高层住宅楼电话系统的第一种方案见图 6-31，图中 $n=2\sim6$（准确数字由工程所需进线电话电缆数量及备用管数量确定）。

（2）第二种方案　在一层（或地下一层）的电缆交接间内设置一套 800 对电话电缆交接设备，在每五层（或每二层、每三层或若干层，不超过五层）的弱电竖井内设置一个 100 对的电话分线箱，其他层弱电竖井内均设置一个 20 对的电话分线箱。从本楼的电话电缆交接设备分别引至六层、十一层、十六层电话分线箱各一根 100 对电话电缆，从六层、十一层、十六层电话分线箱及电缆交接间内的电话电缆交接间设备分别引至其他层电话分线箱各一根 20 对电话电缆，再经各电话分线箱将电话线分配至各住户的电话插座上。高层住宅楼电话配线系统的第二种方案见图 6-32，图中 $n=2\sim6$（准确数字由工程所需进线电话电缆数量及备用管数量确定）。

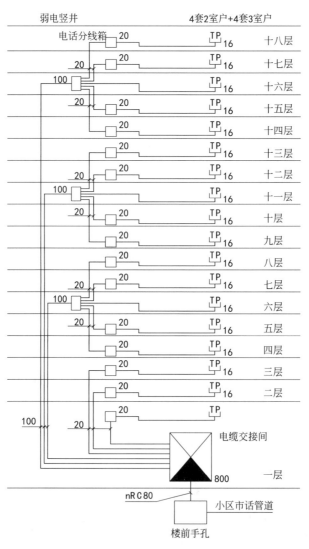

图 6-32　高层住宅电话配线系统图（二）

（3）第三种方案 在一层（或地下一层）的电缆交接间内设置一套 800 对电话电缆交接设备，在每三层（或每二层、每四层或每若干层，不超过五层）的弱电竖井内设置一个 100 对的电话分线箱。从本楼的电话电缆交接设备分别引至这些 100 对电话分线箱各一根 80 对电话电缆，从这些 100 对电话分线箱分别将电话线分配至本层及上下层各住户的电话插座上。高层住宅楼电话配线系统的第三种方案见图 6-33，图中 $n=2\sim6$（准确数字由工程所需进线电话电缆数量及备用管数量确定）。

二、某建筑电话系统实例

电话系统是各类建筑必须配置的主要系统。它主要由电话交换设备、传输设备组成，为人们的通信带来了很大的便利，也是现代小区必不可少的通信系统之一。

本工程电话交接箱设于地下层弱电室内，采用 4×UTP-CAT3-50P 6G50 埋地 0.8m 引来，干线穿线槽竖井内明敷设至每层电话接线箱，配出线穿金属管暗敷设至用户智能箱。电话系统每户设两部外线，

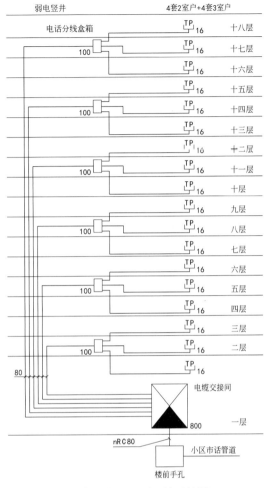

图 6-33 高层住宅电话配线系统图（三）

引至本户智能箱，进户线，垂直干线及至智能箱的水平干线全部采用钢管敷设，由智能箱配出回路均采用 PVC 管在现浇板内暗敷设。所用导线除干线采用大对数电缆外，其余分支线均采用 BVCC-4×0.5+1×0.7 导线，穿 PVC 管。

每户设有四个电话插座，分别设在两个卧室和客厅，每卧室一个插座，客厅设置两个插座，设在墙的两侧，便于用户安装选择。电话线从用户智能箱输出，由电话分线箱进行分线，每户两对，同宽带穿同一钢管。另外，为了建筑物扩展需要或其他情况，每层还设有两对备用电话线，系统图见图 6-34。

地下室弱电平面图 6-35 显示了电话配线系统以及宽带网有线电视配线系统，由地下引入楼内 [2(2×UTP-CAT3 50P G100)DA] 四根 UTP-CAT3 50 对电话电缆穿直径 100mm 钢管，分别接入 dH-1、7H-1、13H-1、19H-1（地下一层、7 层、13 层、19 层）电话交接箱内，再分配给各层，每层分配电缆对数见系统图 6-34，此外还反映出电话插座的平面布置关系。弱电平面图还同时反映了宽带网系统和有线电视系统的电缆分配关系。地下室电话插座位于配电室。

标准层弱电平面图见图 6-36，图中示出电话插座的布置关系，每户设有 5 个电话插座。分别布置在主卧室、卧室 1、卧室 2、卧室 3、客厅。电话配线由智能箱引来。

图 6-34　电话系统图

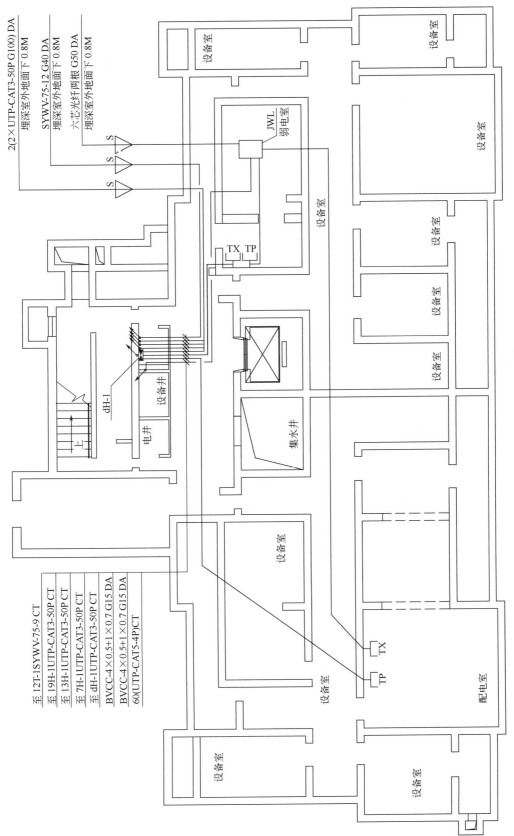

图 6-35　地下室弱电平面图

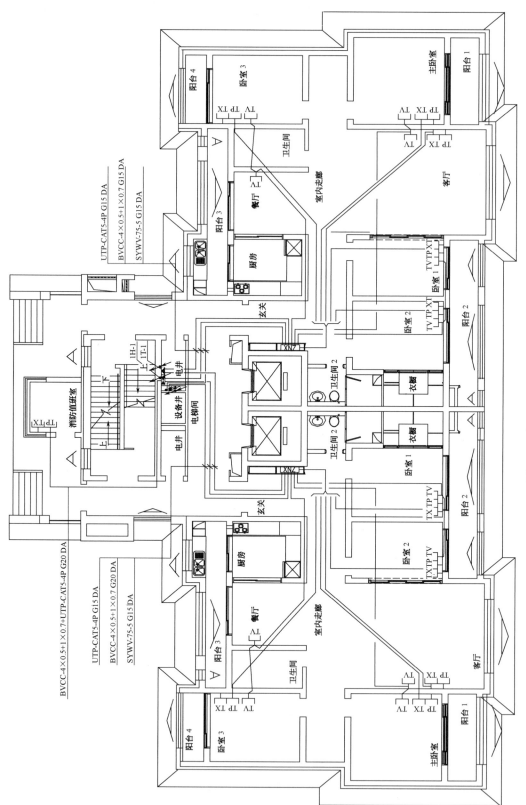

图 6-36 标准层弱电平面图

第六节 综合布线系统施工图的识读

一、基础知识

智能化建筑具有多门学科融合集成的综合特点，由于发展历史较短，但发展速度很快，国内外对它的定义有各种描述和不同理解，尚无统一的确切概念和标准。应该说智能化建筑是将建筑、通信、计算机网络和监控等各方面的先进技术相互融合、集成为最优化的整体，具有工程投资合理、设备高度自控、信息管理科学、服务优质高效、使用灵活方便和环境安全舒适等特点，能够适应信息化社会发展需要的现代化新型建筑。在国内有些场合把智能化建筑统称为"智能大厦"，从实际工程分析，这一名词定义不太确切，因为高楼大厦不一定需要高度智能化，相反，不是高层建筑却需要高度智能化，例如航空港、火车站、江海客货运港区和智能化居住小区等房屋建筑。目前所述的智能化建筑只是在某些领域具备一定智能化，其程度也是深浅不一，没有统一标准，且智能化本身的内容是随着人们的要求和科学技术不断发展而延伸拓宽的。我国有关部门已在文件中明确称为智能化建筑或智能建筑，其名称较确切，含义也较广泛，与我国具体情况是相适应的。

1. 综合布线系统的组成

主要由建筑群干线子系统、建筑物干线子系统和水平布线子系统3部分组成，并规定工作区布线为非永久性部分，工程设计和施工也不涉足为用户使用时临时连接的这部分。当综合布线系统刚刚引入我国之际，因为都采用美国产品，所以国内书籍、杂志和资料，甚至有些标准一般都以美国标准为基础介绍综合布线系统的有关技术，但上述系统组成与国际标准规定不符，且与我国国情和习惯做法并不一致，在具体工作时感到不便，主要是设备间子系统和管理子系统与干线子系统和配线子系统分离另立，造成系统性不够明确，界限划分不清、子系统过多，出现支离破碎的情况，与我国过去通常将通信线路和接续设备组成整体的系统概念不一致，在工程设计、施工安装和维护管理工作中都极不方便。因此，建议不以美国标准为准绳，从长远发展来看，综合布线系统的标准应向国际标准靠拢，不以某个国家标准为主，这是必然的发展趋势。

2. 综合布线系统的运用场合

由于现代化的智能建筑和建筑群体的不断涌现，综合布线系统的适用场合和服务对象逐渐增多，目前主要有以下几类。

（1）商业贸易类型 如商务贸易中心、金融机构（如银行和保险公司等）、高级宾馆饭店、股票证券市场和高级商城大厦等高层建筑。

（2）综合办公类型 如政府机关、群众团体、公司总部等办公大厦，办公、贸易和商业兼有的综合业务楼和租赁大厦等。

（3）交通运输类型 如航空港、火车站、长途汽车客运枢纽站、江海港区（包括客货运站）、城市公共交通指挥中心、出租车调度中心、邮政枢纽楼、电信枢纽楼等公共服务建筑。

（4）其他重要建筑类型 如医院、急救中心、气象中心、科研机构、高等院校和工业企业的高科技业务楼等。

综合布线系统中采用的主要布线部件并不多，按其外形、作用和特点可粗略分为两大类，即传输媒质和连接硬件（包括接续设备）。在综合布线系统工程中，选用的主要布线部件必须按我国通信行业标准《大楼通信综合布线系统》中的要求执行。综合布线系统常用的传输媒质有对绞线（又称双绞线）、对绞对称电缆（简称对称电缆）和光缆。

3. 综合布线系统介绍

（1）建筑群干线子系统　建筑群干线子系统是连接建筑间的线缆，主要包括电缆、光缆和防止电缆的浪涌电压进入建筑物的电气保护设备等。建筑群之间如距离较远一般应用多芯光缆传递信息。建筑群干线子系统宜采用多模光纤和单模光纤线缆，其敷设长度不大于1500m。电缆一般采用地下管道敷设方式，应设有标记。

（2）设备间　是在每一座大楼的适当地点放置综合布线线缆和相关连接硬件极其应用系统的设备场所。为便于设备搬运，节省投资，设备间一般位于建筑的第二或第三层。设备间一般放置如程控用户交换机、计算机主机、建筑物自动化控制设备以及与综合布线密切相关的硬件设备。设备间的位置及大小应根据设备的数量、网络的规格等综合考虑确定。

（3）垂直干线子系统　由设备间和楼层配线间之间的连接线缆组成。线缆一般为大对数双绞电缆或多芯光缆，干线是建筑物内综合布线的主馈线缆，是用于楼层之间垂直线缆的统称。干线子系统在设计时应考虑语音网与数据网的兼容以及系统支持的最高传输速率，一般情况，传输距离在100m内的网络采用双绞电缆，对于传输频率高于1MHz且距离超过100m的系统，干线电缆宜采用光缆或混合使用。

（4）管理子系统　一般由配线间（包括设备间、二级交接间）的线缆、配线架及相关接插件等组成。管理区提供了与其他子系统连接的手段，是垂直干线子系统和水平干线子系统联络的桥梁。管理子系统使整个综合布线极其连接的应用设备、器件等构成一个有机的应用系统。一般设置楼层配线间来设置配线架（柜）、应用系统设备，垂直干线与水平干线在这里进行交接。

（5）水平干线子系统　是综合布线的重要组成部分，由配线间至信息插座的电缆和工作区的信息插座等组成，水平子系统一般应采用4对双绞电缆。水平子系统在高速率应用的场合，可采用光缆极其连接硬件。水平子系统根据整个综合布线的要求，应在配线间或设备间的配线装置上进行连接，以构成语音、数据、图像、建筑物监控等系统并进行管理。水平子系统线缆的长度一般不超过90m。

（6）工作区子系统　独立的需要配置终端设备的区域可划分为一个工作区，也可以按面积计算，一般按10m² 计算，工作区子系统由终端设备、适配器和连接信息插座的3m左右（不宜大于7.5m）的线缆共同组成。每个工作区应设置两个以上的信息插座，工作区的信息插座支持数据终端、电缆电视终端、电话终端等设备的连接和安装。综合布线系统结构见图6-37。

（7）综合布线电缆

① 双绞电缆　对绞线是两根铜芯导线，其直径一般为0.4～0.65mm，常用的是0.5mm，它们各自包在彩色绝缘层内，按照规定的绞距互相扭绞成一对对绞线。扭绞的目的是使对外的电磁辐射和遭受外部的电磁干扰减少到最小。对绞线按其电气特性的不同进行分级或分类。根据国外电气工业协会/电信工业协会（EIA/TIA）的规定，可确定对绞对称电缆的应用范围和应用方法。目前可供使用的对绞线多为8芯（4对），在采用10Base-T的

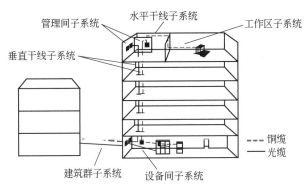

图 6-37 综合布线系统结构

情况下，只用 2 对（1 芯、2 芯为接收对，3 芯、6 芯为发送对），另外 2 对（4 芯、5 芯、7 芯、8 芯）不用。10Base-T 网络的物理结构是星形，所有工作站（TC）都与中心的集线器（Hub）相连，使用对绞线 2 对，1 对用于发送数据，1 对用于接收数据。集线器与工作站之间的对绞线相连时，所用的连接器称为 RJ45，它由 RJ45 插座（又称 MAU、MDI 连接器、媒体连接单元或媒体相关接口连接器）和 RJ45 插头（又称对绞线链路段连接器）组成。规定插头连接器端接在对绞线上，插座连接器安装在网卡上或集线器中。10Base-T 的对绞线应选用非屏蔽导线，在网卡和集线器间使用两对线，其最大长度为 100m。双绞线结构见图 6-38，技术数据见表 6-7。

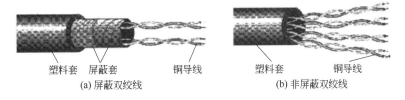

图 6-38 双绞线结构

表 6-7 超 5 类 4 对非屏蔽电缆（UTP5＋）技术指标

频率/MHz	衰减/(dB/100m)	近端串音/dB	信噪比/dB	特性阻抗/Ω
	≤	≥	≥	—
1	1.8	65.3	64	
4	3.7	56.3	53	
10	6.0	50.3	45	
16	7.5	47.3	40	
20	8.3	45.8	37	100±15
31.25	10.5	42.9	32	
62.5	15.5	38.4	22	
100	21.5	35.3	14	

UTP 布线系统传输特性可划分为五种线缆。

a. 3 类：16MHz 以下的传输特性。

b. 4 类：20MHz 以下的传输特性。

c. 5 类：100MHz 以下的传输特性。

d. 超 5 类：155MHz 以下的传输特性。

e. 6 类：200MHz 以下的传输特性。

目前，主要使用 5 类、超 5 类 UTP 布线系统。

UTP 对绞电缆是无屏蔽层的非屏蔽缆线，由于它具有重量轻、体积小、弹性好和价格适宜等特点，所以使用较多，在综合布线系统中，通常以装设配线架（柜）的位置来命名，有建筑群配线架（CD）、建筑物配线架（BD）和楼层配线架（FD）等。

单幢的中小型智能化建筑，其附近没有其他房屋建筑，不会发展成为智能化建筑群体。这种情况可以不设建筑群配线架，也不需要建筑群主干布线子系统。在单幢智能化建筑中，需设置两次配线点，即建筑物配线架和楼层配线架，只采用建筑物主干布线子系统和水平布线子系统。

② 光导纤维　光纤和同轴电缆相似，只是没有网状屏蔽层，中心是光传播的玻璃芯。在多模光纤中，芯的直径是 15～50mm，大致与人头发的粗细相当。而单模光纤芯的直径为 8～10mm。芯外面包围着一层折射率比芯低的玻璃封套，以使光纤保持在芯内。再外面的是一层薄的塑料外套，用来保护封套。光纤通常被扎成束，外面有外壳保护。纤芯通常是由石英玻璃制成的横截面积很小的双层同心圆柱体，它质地脆，易断裂，因此需要外加一保护层。

光纤传输系统应能满足建筑物与建筑群环境对语音、数据、视频等综合传输的要求，建筑物综合布线一般用多模光纤，单模光纤一般用于远距离传输。多模光纤适用于短距离的计算机局域网络。如果用于公用电话网或数据网时，由于传输距离长都采用单模光纤。

光纤按直径分可分为：$50\mu m$ 的缓变型多模光纤、$62.5\mu m$ 的缓变型多模光纤、$8.3\mu m$ 的突变型多模光纤。按波长分可以分为：850nm 波长多模光纤、1300nm 波长多模光纤和 1550nm 波长单模光纤。

目前所有的光纤的包层直径均为 $125\mu m$。其中 $62.5/125\mu m$ 光纤（即纤芯直径为 $62.5\mu m$ 包层直径为 $125\mu m$）较多应用于建筑综合布线系统。光缆的光纤数量有 2 芯、4 芯、6 芯、8 芯、12 芯、20 芯、24 芯、36 芯、48 芯、72 芯、84 芯、96 芯等规格。

光纤配线架适用于中心机房大容量室外光缆与光端设备的连接，CATV 光纤系统，光纤接入网以及电力光纤通信自动化系统中主干光缆的成端和分配，可以方便地实现光纤线路的连接、分配与调度。

二、建筑工程实例

某银行是一家大型商业银行。综合办公楼总面积为 2.26 万平方米，地上 16 层，地下 2 层，并且 1 层至 4 层为裙楼，5 层以上均为标准层，该层信息点分布如图 6-39 所示。以 6 层为例，水平线槽由弱电间引出，辐射到各个房间，根据建筑电气设计规范，水平线槽选用镀锌金属线槽，每个房间的管线采用薄壁金属管，引至距地 30cm，做暗装接线盒，与信息插座相连。另外，大楼的计算机主机房、网络中心及程控交换机均位于大楼 5 层，监控系统主机房位于 1 层大厅值班室，1 至 2 层为营业大厅。

综合布线包括计算机网络系统、语音系统和保安监控系统三大部分。大楼的综合布线由

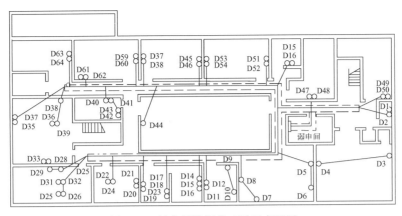

图 6-39 标准层数据接口平面布置图

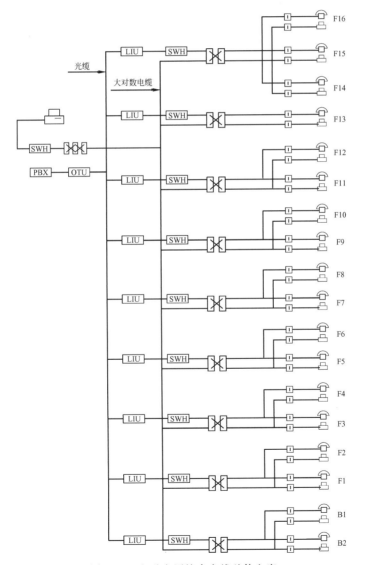

图 6-40 金融大厦综合布线总体方案

工作区、水平子系统、管理区、干线子系统和设备间五个部分构成。计算机网络干线采用光纤，所有计算机网络相连的布线均为五类（100Mbps）产品，即五类信息插座、五类跳线、五类双绞电缆等。

程控电话由主机房统一管理，每条线路均按 4 对双绞电缆配置，设计传输速率 100Mbps，可满足综合业务数字网需求。

保安监控系统可传输视频监控信号及保安传感器信号。

综合布线采用的是灵活的星形拓扑结构，整个系统分为两级星型：主干部分为一级，水平部分为二级，主干部分的星型结构中心在主机房，向各个楼层辐射，传输介质为光纤和大对数双绞电缆；水平部分的星型结构中心在各楼层配线间；由配线架引出水平双绞电缆到各个信息点，如图 6-40 所示。这样便形成两层星型的两点管理方式。

各部分结构如下。

（1）工作区　由各个办公区域构成，设置一孔至四孔信息插座，支持 100Mbps 及以下的高速数据通信。每一信息插座支持数据终端或电话终端。

（2）水平子系统　采用五类四对双绞电缆平均长度为 45m，具有较好的抗干扰性。

（3）管理区　在楼内共设 5 个楼层配线间（五层不单独设楼层配线间），在各层配线间内，设 110 型电缆配线架、光纤配线架及必要的网络户连设备，110 型电缆配线架由两部分组成：一部分用来端接干线（大对数双绞电缆），另一部分用来端接水平干线。光纤配线架则用来端接干线光纤。

（4）干线子系统　在该银行大楼的综合布线中，系统干线采用 6 芯 62.5/125μm 多模光缆，传输速率可达 500Mbps 以上。电话干线采用三类 100 对大对数双绞电缆，每层由楼层配线间配出一条线缆，保安监控系统采用 25 对双绞电缆每层由楼层配线间配一条线缆，可支持 100Mbps 传输速率。

（5）设备间　计算机网络采用 2 个光纤配线架（400A2）对整个大楼内计算机进行统一管理。通过简单的跳线管理，可很方便地配置楼内计算机网络的拓扑结构。

程控电话和保安监控系统采用 110 型电缆配线架，通过跳线对终端设备进行管理。

第七节　电缆电视系统施工图的识读

一、概述

有线电视系统由前端、干线传输和用户分配网络三部分组成。按系统功能和作用不同，可分为有线电视台、有线电视站和共用天线系统。有线电视台的有线电视系统是相当复杂和庞大的，它使用的载波频率高（550MHz 或更高）、干线传输距离远、分配户数多，而且大多是双向传输系统。一个居民楼内的共用天线系统则可能是没有干线传输部分的最简单的有线电视。

有线电视系统为了发挥放自办节目之外，一般都要接收其他台的开路信号。所以前端是指在有线电视广播系统中，用来处理自办节目信号和由天线接收的各种无线信号的设备，例如先以一个典型的 VHF（甚高频）有线电视系统为例，前端包括闭路和开路两个部分。闭路部分有录播用的录像机和直播的摄像机、灯光等设备。开路部分包括 VHF、UHF（特高频）、FM（调频）、微波中继和卫星转发的各种频段的接收设备，接收的信号经频道处理和放大后，与闭路信号一起送入混合器，输出的是一路宽带复合有线电视信号，再送入干线传输部分进行传输。

干线传输部分是一个传输网，它主要是把前端混合后的电视信号高质量地传送到用户分配系统。它的传送距离可以达几十公里，可以包括干线放大器、干线电缆、光缆、多路微波分配系统（MMDS）和调频微波中继等。用户分配网络则把来自干线传输系统的信号，分配传送到千千万万的用户电视机。它包括线路延长分配放大器、分支器、分配器、用户线及用户终端盒等。

前端系统包括信号源部分，信号处理部分和信号放大合成输出部分。信号源包括接收天线，天线放大器，变频器。自办节目用的放像机，影视转换机等。信号处理部分包括频道变换器，频道处理器和调制器等。信号放大合成包括信号放大器、混合器、分配器以及集中供电电源等。

传输系统包括由同轴电缆、光缆以及它们之间的组合部分和它们相应的硬件设备组成。

分配系统包括支干线、延长放大器、用户放大器和相应的无源器件如分配器、分支器和用户终端（电视机）等组成。

电缆电视系统是建筑弱电系统中的重要环节。电缆电视目前广泛普及，信号清晰稳定，播送电视台频道数量众多，频带宽，抗干扰能力强，并且随着数字电视技术的发展还可以实现高清晰数字电视信号点播、双向互动等，具有极大的优越性，是现代建筑不可或缺的设备。应用电视和广播有线电视均采用同轴电缆或光缆甚至微波和卫星作为电视信号的传输介质。电视信号在传输过程中普遍采用两种传输方式：一种是射频信号传输，又称高频传输；另一种是视频信号传输，又称低频传输。应用电视系统都采用视频信号传输方式，而广播有线电视系统通常采用射频信号传输方式，且保留着无线广播制式和信号调制方式，因此，并不改变电视接收机的基本性能。

1. 工作频段及频道

应当强调指出，有线电视的工作频段及频道指的是在干（支）线中传输的信号的频段及频道，并不是指前端接收信号的频段。

① 有线电视的工作频段及频道分布如表 6-8 所示，它包含 VHF 和 UHF 两个频段。

表 6-8　CATV 的频道划分表

频道范围（MHz）	系统种类	国际电视频道数	增补频道数	总频道数
485～233	VHF 系统	12	7	19
48.5～300	300MHz 系统	12	16	28
48.5～450	450MHz 系统	12	35	47
48.5～550	550MHz 系统	22	36	58
48.5～600	600MHz 系统	24	40	64
48.5～750	750MHz 系统	42	41	83
48.5～860	860MHz 系统	55	41	96
48.5～958	V＋U 系统（含增补）	68	41	109

②　我国的无线（开路）广播电视台按行政区域覆盖范围实行中央、省（市）、地区和县四级布局。

③　邻频道指的是相邻的标准广播电视频道。

④　增补频道传输也是增加有线电视频道的一种方法。

2. 特性与功能

有线电视近年来发展很快，已成为家庭生活的第三根线，又称图像线（第一根线是电灯线，第二根线是电话线）。有线电视的发展之所以迅速，主要在于它有如下特性：高质量、宽带性、保密性和安全性、反馈性、控制性、灵活、发展性。

有线电视系统一般由前端系统、干线传输系统、分配系统、用户终端等几部分组成，而各个子系统包括多少部件和设备，要根据具体需要来决定。图6-41是有线电视系统的基本组成图。

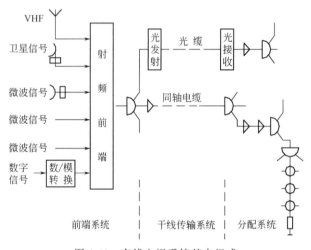

图 6-41　有线电视系统基本组成

二、电缆电视系统基本设备及有关标识

1. 天线

（1）引向天线　又称为八木天线。引向天线既可以单频道使用，也可以多频道使用，既可作 VHF 接收，也可作 UHF 接收，工作频率范围在 30～3000MHz。引向天线具有结构简单、馈电方便、易于制作、风载小等特点，是一种强定向天线，在电缆电视接收中被广泛采用。引向天线由反射器、有源振子、引向器等部分组成，见图6-42。所有振子都平行配置在一个平面上，中心用金属杆固定。有源振子通常采用折合半波振子，用以接收电磁波，无源振子根据作用可分为引向器和反射器两种。

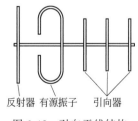

图 6-42　引向天线结构

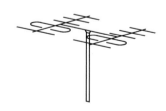

图 6-43　水平组合

（2）组合天线　又称为天线阵，天线阵可以提高天线增益，天线数越多增益越大。同时天线阵抗干扰能力也得到增强。图 6-43 为水平组合式天线阵，图 6-44 为垂直组合天线阵，还可以进行复合，如将水平天线阵再在垂直方向组合会获得更好的效果。

图 6-44　垂直组合

馈源　馈源撑杆
天线面板
斜撑杆
盆座
调节丝杆
方向固定螺丝
立柱
脚架

图 6-45　前馈式卫星天线示意图

（3）卫星天线　见图 6-45，可用于接收卫星发射电视视频信号。

2. 放大器

放大器分为干线放大器、线路延长放大器、分配放大器、楼幢放大器等。放大器的作用是放大电视信号，用于因电视电缆太长而需补偿分配器或分支器的损耗。

（1）干线放大器　是用来补偿信号在同轴电缆中的传输损耗的，其增益正好等于两个干线放大器之间的电缆损耗及无源器件的插入损耗，使任意两个干线放大器的输入信号基本相同。干线放大器的带宽应等于有线电视系统的带宽。由于同轴电缆具有频率特性和温度特性，因此干线放大器一般都具有斜率均衡及增益控制的功能，高质量的干线放大器还具有自动电平控制功能。

（2）线路延长放大器　通常用在支干线上，用来补偿同轴电缆传输损耗、分支插入损耗、分配器分配损耗等。线路延长放大器与干线放大器无明显差别，很多干线放大器同时也用来作为线路延长放大器。根据支干线相对于主干线传输距离较短的特点，对于支干线上放大器技术指标的要求，可略低于干线放大器，通常不需要采用自动电平控制（ALC）功能的放大器。

（3）分配放大器　通常应用在分配系统中，分配放大器一般不需采用具有自动增益控制（AGC）的放大器。由于分配放大器直接服务于居民小区或楼幢用户，放大器的增益应较高，一般为 30～50dB。放大器输出电平较高常为 100～105dB。很多分配放大器有多个输出口，即在放大器内部的输出端设置分配器。

（4）楼幢放大器　应用在分配系统的末端，即楼房内部，直接服务于用户。因此对此类放大器技术指标的要求可低于前述放大器，也可用分配放大器代替。末端无论采用分配放大器还是楼幢放大器，都应使增益达到 30～50dB，输出电平达到 100～105dB。

3. 混合器与分波器

CATV 系统中，常常需要把天线接收到的若干个不同频道的电视信号合并为一再送到宽带放大器去进行放大，混合器的作用就是把几个信号合并为一路而又互不影响，并且能阻止其他信号通过的滤波型混合器。分波器与混合器相反，它是将一个输入端的多个频道信号分解成多路输出，每一个输出端覆盖着其中某一个频段的器件。

4. 同轴射频电缆

同轴电缆以硬铜线为芯，外包一层绝缘材料。这层绝缘材料用密织的网状导体环绕，网外又覆盖一层保护性材料。有两种广泛使用的同轴电缆：一种是50Ω电缆，用于数字传输，由于多用于基带传输，也叫基带同轴电缆；另一种是75Ω电缆，用于模拟传输，即下一节要讲的宽带同轴电缆。这种区别是由历史原因造成的，而不是技术原因或生产厂家的原因。

同轴电缆的这种结构，使它具有高带宽和极好的噪声抑制特性。同轴电缆的传输速率取决于电缆长度。1km的电缆可以达到1～2Gbps的数据传输速率。还可以使用更长的电缆，

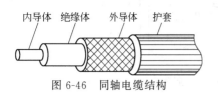

图 6-46　同轴电缆结构

但是传输率要降低或使用中间放大器。目前，同轴电缆大量被光纤取代，但仍广泛应用于有线电视和某些局域网。同轴电缆结构见图6-46。

同轴电缆由同心的内导体、电绝缘体、屏蔽层和保护外套组成。内导体是单股或多股铜芯导线，用于信号传输。屏蔽层为用铝丝或铜丝编织的金属网或金属管包裹在绝缘体外，起电屏蔽作用。最外层保护套由塑料胶制成。

同轴电缆电气性能较好，它的衰减特性比双绞线大为改善，适合高频信号的传输。此外，抗电气噪声干扰能力较强，既可用作模拟传输又可用于数字传输，是较为理想的传输介质。

同轴电缆型号命名方法如下。

(1) 电缆型号的组成

| 分类代号 | 绝缘 | 护套 | 派生 | 特性阻抗 | 芯线绝缘外径 | 结构序号 |

(2) 字母代号及其意义　几个主要字母代号意义如下：S为射频同轴电缆；Y为聚乙烯；YK为聚乙烯纵孔半空气绝缘；D为稳定聚乙烯空气绝缘；V为聚氯乙烯。

例如：SYKV-75-5表示射频同轴电缆、聚乙烯纵孔半空气绝缘（藕芯）、聚氯乙烯护套、特性阻抗为75Ω、芯线绝缘外径为5mm。CATV系统中用的最多的是SYKV型和SDVC型同轴电缆。干线一般采用SYKV-75-12型，支干线和分支多用SYKV-75-12或SYKV-75-9型，用户配线多用SYKV-75-5型。

5. 光缆

光纤可以传输数字信号，也可以传输模拟信号。光纤在通信网、广播电视网与计算机网，以及在其他数据传输系统中，都得到了广泛应用。光纤宽带干线传送网和接入网发展迅速，是当前研究开发应用的主要目标。光纤又称光纤波导，它是工作在光频的一种介质波导。它的工作原理是基于光在两介质交界面上的全反射现象。呈圆柱形的光纤把以光的形式出现的电磁能量约束在其表面以内，并引导光沿着轴线方向传播。

光纤传输的主要特点是：速度高、带宽大（可达数千兆赫）、衰减小（几个dB/km）、距离远、尺寸小、重量轻、抗干扰强、保密好。正是由于光纤的这些特点，使它的应用从传统的电信领域迅速地扩展到海底通信、图像传输和计算机通信等诸多领域，对双绞线和同轴电缆构成了强大挑战。光纤将逐渐取代双绞线与同轴线成为有线网络的通信介质。

光缆就是利用光导纤维（简称为光纤）传递光脉冲来进行通信。

光缆是光纤通信的传输介质，在发送端可以采用发光二极管或半导体激光器，它们在电脉冲的作用下能产生出光脉冲。光纤通常由非常透明的石英玻璃抽成细丝，主要由纤芯和包层构成双层通信圆柱体。

光纤不仅具有通信容量非常大的优点，而且还具有其他的一些特点：传输损耗小，中继距离长，对远距离传输特别经济，抗雷电和电磁干扰性能好；无串音干扰，保密性好，也不易被窃听或截取数据；体积小，重量轻，这在现有电缆管道已拥塞不堪的情况下特别有利。光纤的传播原理见图 6-47。

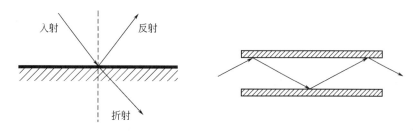

图 6-47 光纤的传播原理

6. 分支器

分支器是连接用户终端与分支线的装置，它被串在分支线中，取出信号能量的一部分反馈给用户。不需要用户线，直接与用户终端相连的分支设备，又称为串接单元。分支器由一个主路输入端（IN）、一个主路输出端（OUT）和若干个分支输出端（BR）构成。分支器的作用除将总信号的一小部分在分支上进行输出外，还有隔离和阻抗匹配的作用。

7. 分配器

分配器是将一路输入信号均等或不均等地分配为两路以上信号的部件。分配器还起隔离作用，使输出端相互不影响，同时还有阻抗匹配作用，各输出线的阻抗为 75Ω。

分配器是一种无源器件，可应用于前端、干线、支干线、用户分配网络，尤其是在楼幢内部，需要大量采用分配器。根据分配器输出的路数可分为：二分配器、三分配器、四分配器、六分配器。按分配器的回路组成分为集中参数型和分布参数型两种。按使用条件又可分为室内型和室外防水型、馈电型等。在使用中，对剩下不用的分配器输出端必须接终端匹配电阻（75Ω），以免造成反射，形成重影。

共用天线电视系统工程图绘制应采用 GB 4728《电气图图用图形符号》。最常用的图形符号见附录弱电图形符号表。

三、电缆电视系统工程图

电缆电视系统工程图主要有系统图和平面布置图，系统与供配电系统图和平面图的表示方式相似。下面通过实例说明。

图 6-48 为一幢建筑的有线电视电缆电视系统图，建筑为 15 层，有四个单元，每单元每层两户，每户两路信号线。信号线引自市内有线电视系统，建筑电缆由室外穿管埋地引入一层电视前端箱。楼内干线采用 SYWV-75-9 型，分支线采用 SYWV-75-5 型穿钢管在墙、地

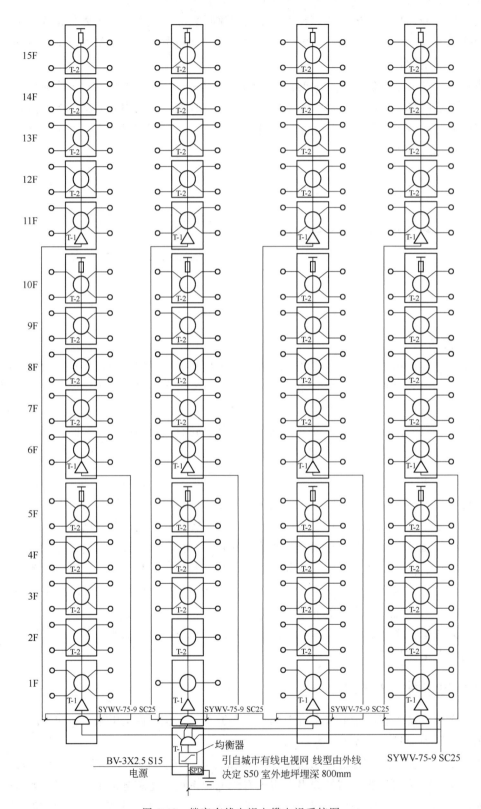

15F
14F
13F
12F
11F
10F
9F
8F
7F
6F
5F
4F
3F
2F
1F

SYWV-75-9 SC25　SYWV-75-9 SC25　SYWV-75-9 SC25

SYWV-75-9 SC25

均衡器

BV-3X2.5 S15
电源

引自城市有线电视网 线型由外线
决定 S50 室外地坪埋深 800mm

图 6-48　楼宇有线电视电缆电视系统图

面及楼板内暗敷设。有线电视出线每户只安装两个，其余均预留。电视前端箱墙上明装，安装高度为底边距地 1.2m，竖井内电视前端箱及分支、分配器箱墙上明装，安装高度为底距地 0.5m，电视出线口底边距地 0.3m。交流电源由 3 根 BV 聚氯乙烯绝缘铜线穿直径 15mm 钢管提供，首先进入均衡器，均衡器的作用是使不同频段的信号电平能够均衡，再进入 4 分配器将信号一分为四，即四个单元。由于建筑为 15 层，如果直接用分支器进行信号分配因电缆的损耗和分支损耗等将使信号不均衡，因此将 15 层住宅分为三部分，有线电视箱将放于二单元 层内，楼高 3m，干线用 SYKV-75-9 型，用户端采用 SYKV-75-5 型。引入电平为 90dBμV，用户段电平要求达到 68±4dBμV。分支器末端接 75Ω 负载电阻。

关于用户电平的选择，我们必须指出用户电平是随楼房的层数而变化的。楼房的层数越高受到电波的干扰就越严重，要求系统设计时用户电平就越高。另外，如离电视发射台比较近，空间场强较强，可选用户电平比较高一点。总之，分配系统也是整个系统的一个组成部分。如果前端和干线的设计合理而分配系统的设计不合理，同样不能保证最终的信号质量，分配系统的主要问题，是如何选用分配放大器以及如何合理的配置电平。对于邻频系统，其分配放大器宜选用推挽输出的放大器，以保证二次互调。对电平的配置应考虑指标的分配，温度波动引起的电平波动等因素。

1. 四分支器

一体化加厚锌合金砂纹流线型外壳，优质光锡镀层，马口铁锡封后盖（可根据用户要求采用镀锡铜盖或镀锡锌合金盖，提高防腐能力）。产品标签采用优质 PVC 材料，防紫外线油墨，保证产品标识清楚持久。结构产品各端口间距、安装固定位置均符合 SCTE 标准，便于施工安装。采用优质玻纤线路板，微带设计线路，元件贴片安装，使产品性能稳定可靠。连接端口内导体采用镀锡磷青铜，弹性优良，确保触点持久耐用。具体参数见表 6-9。

表 6-9 四分支器参数表

型 号			513*	516*	519*	522*	525*
	标称值		13	16	19	22	25
分支损耗/dB	典型值（允许偏差）	5~65MHz ±0.8	12.6	15.5	18.5	21.5	24.5
		65~750MHz ±0.8	13.2	16.1	19.1	22.1	25.2
		750~1000MHz ±1.0	13.5	16.5	19.5	22.5	25.5
插入损耗/dB	5~65MHz		≤3.5	≤1.9	≤1.3	≤0.9	≤0.6
	65~750MHz		≤3.7	≤2.0	≤1.4	≤0.9	≤0.7
	750~1000MHz		≤4.1	≤2.3	≤1.6	≤1.0	≤0.8

2. 同轴电缆

SYWV（Y）-75 型聚乙烯物理高发泡电缆是一种具有很低损耗的电缆，它是通过气体注入使介质发泡，选择适当的工艺参数使得形成很小互相封闭的气孔，不易受潮。电缆内导体有纯铜线、铜包钢，外导体是铝塑复合带加镀锡铜线、裸铜线、铝镁合金线编织，介质和内导体相互牢固结合,当温度变化或电缆受拉压时,介质与导体之间不会发生相对移动。SYWV(Y)-75型电缆的衰减比同尺寸的其他射频电缆小,它用于CATV闭路电视系统、传输高频和超高频信号,亦可用于数据传输网络,进行数据传输。同轴电缆技术参数见表6-10。

表6-10 同轴电缆技术参数

样品型号	SYWV-75-5	SYWV-75-9
衰减常数/(dB/100m)	50MHz≤4.8 800MHz≤20.3	50MHz≤2.4 800MHz≤10.4

3. 三分配器

三分配器技术指标见表6-11。

表6-11 三分配器技术指标明细

顺德宏发电子有限公司	型号:1213			
频率范围(MHz)	50	550	750	1000
插入损耗(dB max)	5.6	5.6	6.5	6.8
相互隔离(dB min)	25	28	25	20
反射损耗(dB min)	20	20	18	16

4. 四分配器

四分配器技术指标见表6-12。

表6-12 四分配器技术指标明细

顺德宏发电子有限公司	型号:1214			
频率范围(MHz)	50	550	750	1000
插入损耗(dB max)	6.7	6.7	8.0	8.2
相互隔离(dB min)	25	30	25	22
反射损耗(dB min)	20	20	18	15

5. 有线电视信号放大器

型号:FD9908A1

技术指标:①增益,20dB;②带宽,750MHz;③预置斜率,2dB;④性噪比,3dB。

特点:①采用专用高频三极管;②采用高频环氧树脂板;③2路输出;④铝合金外壳。

6. 电涌保护器

LYT1系列同轴通讯信号电涌保护器,是依据IEC标准设计,分BNC头等同轴接口适用于有线电视、监控、视频点播等同轴通讯设备,提供对细缆和粗缆网络系统设备端的保护。具有频带宽插损低,串联安装,通流容量大,残压低插入损耗小的特点。

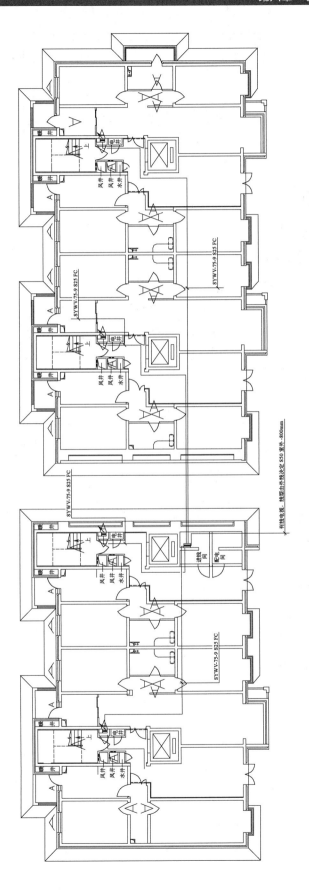

图 6-49　电缆电视系统一层干线平面图

▣———电视器件箱（0.5mH）

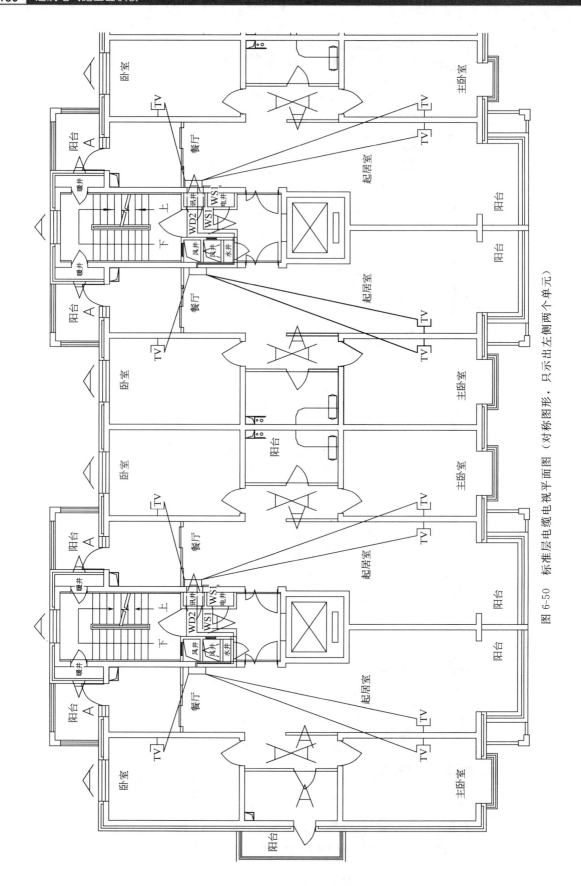

图 6-50 标准层电缆电视平面图（对称图形，只示出左侧两个单元）

图 6-49 为电缆电视一层干线平面图，图中电视信号由外面引来，进入电视设备箱，再分配给四个单元的设备箱，并向上输送。干线为 SYWV75-9 型射频同轴电缆穿钢管沿墙敷设。

图 6-50 为电缆电视标准层平面图，图中每户由智能箱提供 3 路电视信号，分别供给起居室、主卧室、次卧室，电视电缆为穿钢管沿墙敷设，所用电缆型号为干线 SYWV75-9 型射频同轴电缆，用户端 SYWV75-5 型射频同轴电缆。

第八节　广播音响系统施工图的识读

一、广播音响系统基本设备及有关标识

现代建筑要求有多方面的功能，其中包括广播音响系统，音响系统主要有有线广播、背景音乐、客房音乐、舞台音乐、多功能厅的扩声系统、教室的扩声系统以及会议厅的扩声和与建筑有关的室外扩声系统等。扩声系统主要由话筒、线路输入、调音台、功率放大器、扬声器等构成。

1. 传声器

传声器也称为麦克风，是将声能转换成电能的换能器件。它是拾取信号的最前端，声音表现如何，很大程度上取决于传声器。传声器是现代音响技术中重要设备之一，其质量好坏和使用是否得当对整个系统的技术指标有直接影响。

传声器拾取声音的方向性（指向性）可分为全指向性、双指向性、心形指向性、超心形指向性和超指向性。传声器的指向性表征不同入射方向声音信号捡拾的灵敏度，是传声器的重要指标。场合不同选用传声器的指向性也不同。例如，歌舞厅里使用较多的是单方向性的心形和超心形传声器，这种传声器方向性强，能有效地抑制声反馈产生的啸叫现象和其他反射杂声的拾取，电视主持人或会议室使用的都属于这种单方向性的传声器；电视台和广播电台在室外采访用的往往是超指向性的传声器，用来避免各种杂音的干扰；而电视文艺节目中看到的，位于舞台和观众席之间的高处，利用伸缩式支臂吊挂的全指向性的传声器专门用来拾取现场的热烈气氛。

（1）传声器的结构原理

① 动圈式传声器　这种传声器是用得最广泛和最常见传声器，具有结构简单、坚固耐用的特点。动圈式传声器的结构如图 6-51 所示。

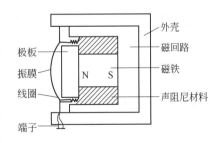

图 6-51　动圈式传声器结构图

它是根据电磁感应原理制成的，主要由振膜、线圈、磁钢和外壳等组成。当声音造成的声压作用在振膜上时，就会引起振膜的振动，振膜带动线圈作相应的振动，而线圈又处在磁钢的磁场中，线圈的这一振动切割磁感线，从而使线圈的两端产生感应电动势 E，其表达式为：

$$E = Blv$$

式中，B 为磁感应强度；l 为线圈长度；v 为线圈振动速度。可见，感应电动势 E 正比

于线圈的振动速度，与振幅无关。

② 电容式传声器　在专业领域应用较多，质量有一定的保证，往往比较昂贵，多使用在录音场合。电容传声器主要由活动振膜、固定后极板、极化电源（外部提供）和预放大器（装在传声器的壳体内）组成，其工作原理如图 6-52 所示。固定后极板和活动振膜彼此靠得

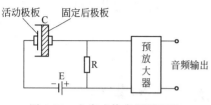

图 6-52　电容式传声器原理图

很近，相当于一个小的可变电容，极化电源给振膜和后极板之间加极化电压，一般有＋12V、＋24V和＋48V三种。当声波产生的声压作用在活动振膜上时，振膜产生振动，这样就使得振膜和后极板之间的距离发生变化，导致两极之间电容发生变化，从而引起后极板上存储电荷量的变化，于是在极间

形成了电流，这一电流经电阻转换成电压信号。由于这一信号很微弱，只有几十分之一伏到几毫伏，若直接送往放大倍数很高的前级放大器，很容易受杂波的干扰。为了解决这个问题，专门在传声器的内部设置了一个预放大器，微弱的信号经过预放大器被放大到几毫伏至数十毫伏，然后输出，完成了从声音到电信号的转换。

电容式传声器的主要特点是频带宽、频率响应曲线平直、灵敏度高、非线性失真小和瞬态响应好。但它有防潮性能差、受潮后产生噪声、机械强度低、使用麻烦等缺点。

③ 驻极体传声器　实际上是电容式传声器的一种，这种传声器使用的振膜或后极板采用一种带有永久性电荷的驻极体材料。驻极体是高分子材料，在高温条件下被施加很高的极化电压，接收电晕放电和电子轰击而保持永久带电的性质，以取代普通电容式传声器的极化电压，从而减少了体积和重量，降低了成本，其原理如图 6-53 所示。图中的场效应管起阻抗变换与预放大的作用。预放大电路需要外部供电，与电容式传声器的供电方式不同，这里往往使用电池。当驻极体受到声波作用时，振膜被压缩和拉伸，从而产生一个按声音规律变化的微小电流，此微小电流经电流-电压转换后，送往预放大器放大，然后输出音频电压。

驻极体传声器主要特点是频带宽、噪声低、灵敏度高、成本低、稳定度好，适合中高频的拾音。近几年，此类传声器得到迅速的发展，各项指标可达到专业级，甚至可用作测量传声器。

④ 无线传声器　无线传声器是用音频在近距离内传送输出信号的驻极体电容式传声器。由于无线传声器不需要传送电缆，因而活动范围较大，特别适用于移动声源的拾音。通常使用的无线传声器有手持式和佩带式两种。手持式无线传声器除了有

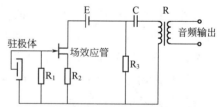

图 6-53　驻极体传声器原理图

驻极体电容式传声器功能外，还装有能将信号以调频波发射的发射单元及配用的电池和天线等。佩带式无线传声器的体积很小，使用者将它佩戴在胸前，电信号由腰间一台小型超高频发射机（与胸前传声器连接）以调频形式发射出去，经接收机接收、解调，被还原成音频电信号（调制前的电信号），用于录音或传送等。专业级无线传声器的传输距离为100～500m。

常用无线传声器的工作频率有 VHF 和 UHF 两种。VHF 频段无线传声器的工作频率一般在 165～216MHz，UHF 频段无线传声器的工作频率一般为 450～860MHz。VHF 频段的

无线传声器工作频率较低，波长较长，一般在 2m 左右，电波有一定的绕射能力，不容易被周围的景物遮挡。UHF 频段的无线传声器工作频率较高，波长约为 10cm，电波容易被金属物遮挡，但它具有较强的反射能力和狭缝穿透能力，所以送到接收机的信号比较稳定。市面上有一些价格低廉的无线传声器，其信号可以直接用普通的调频收音机接收，此类传声器只适合电化教学和普通会议讲话等，特点是使用方便，但性能较差、易受干扰。无线传声器发射机和接收机原理框图见图 6-54 和图 6-55。

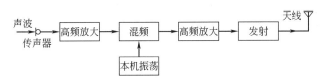

图 6-54　无线传声器发射机电路框图

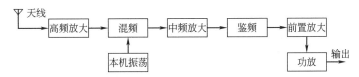

图 6-55　无线传声器接收机电路框图

（2）传声器的指向特性　传声器从不同方向拾取各种声音时，传声器的灵敏度随声波入射方向的变化而变化的特性称为指向性或方向性，常用指向图表示，如图 6-56 所示。按指向性可以将传声器分成五种：全指向性、双指向性、心形指向性、超心形指向性和超指向性。

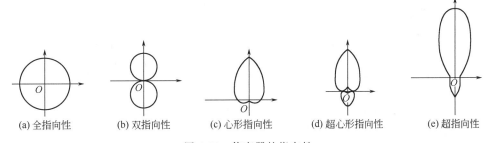

图 6-56　传声器的指向性

① 全指向性又称无指向性，是指传声器能将 0°～360°范围内的所有声源信号拾取，且能提供频响均匀的输出信号电平，即对四面八方的声音信号有大体相同的灵敏度，如图 6-56(a)所示。它容易产生啸叫现象，不适合舞台演唱。

② 双指向性的灵敏度在正前方和正后方方向上最大，并且对称，但相位相反，而两侧的灵敏度很低，甚至为零，如图 6-56(b) 所示。其形状很像 8 字，所以也叫 8 字形双指向性。

③ 心形指向性在主轴方向上的灵敏度最高，随方位角的增大，灵敏度逐渐下降，在 180°方位上灵敏度最低，如图 6-56(c) 所示。

④ 图 6-56(d) 所示的超心形指向性该特性最强。这一特性的传声器常用于舞台演唱，它能有效抑制声反馈，提高声波的拾取量。

⑤ 超指向性传声器比心形指向性传声器更强、更尖锐，如图 6-56(e) 所示，当传声器对准某一声源时，能将声源周围的干扰抑制到最低。此类传声器特别适合户外新闻采访。

（3）传声器的输出阻抗　输出阻抗是指传声器工作在 1kHz 频率下所呈现的内阻。不同的传声器具有不同的输出阻抗。低阻抗传声器的典型值有 150Ω、200Ω、600Ω 等；高阻抗传声器有 15Ω、20Ω、50kΩ 等。低阻抗传声器可以使用平衡方式和不平衡方式两种连接方式，采用平衡方式连接能使信号传输较远的距离也不会感应交流声。高阻抗传声器即使采用平衡方式连接也只能传输几米的距离，否则会使高频特性衰减，产生噪声。在使用过程中为了使传声器的阻抗特性和后续设备的输入阻抗特性对整个系统不产生影响，通常要求后续设备的输入阻抗高于传声器阻抗 5～10 倍。因而在使用过程中应该注意，高阻抗传声器不能插入低阻抗插口上使用，低阻抗传声器插入高阻抗插口问题不大。

此外还有信噪比、动态范围等技术指标，在此不一一介绍。

2. 扬声器

扬声器又称喇叭，它的作用是将电信号转换成声音信号，并向空间辐射声波的电声器件。

（1）扬声器的分类　扬声器的种类很多，根据驱动方式（换能方式）、辐射方式、振膜形状、结构、用途、重放频带等有多种分类方法。如按换能器类型划分可分为：电动式、电磁式、静电式、压电式、气流调制式和离子式等多种，其中电动式扬声器应用最广泛。

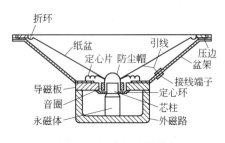

图 6-57　纸盆扬声器结构

① 电动式扬声器　可分为纸盆扬声器和号筒扬声器。在电动式扬声器的中心有一个有垫圈架在一个恒定强磁场中的音圈，当音圈中有声音信号电流通过时，音圈便会受到强磁场的电动力的作用，从而使音圈做相应的振动。

a. 纸盆扬声器　结构见图 6-57，纸质振膜呈圆锥形，称为纸盆。纸盆的中心部分与可动的线圈（音圈）连接，音圈处于磁路的缝隙间，音圈通过音频信号电流后与磁场相互作用发生振动带动纸盆发音。支持纸盆的有外缘折环，支持音圈的中心部分有定心片，此外还有永磁体、芯柱、导磁板接线端子、盆架防尘帽、压边等。

常用的纸盆扬声器的口径尺寸为 40～400mm，频响宽，音质好，标称功率一般为 0.05～20W，但纸盆扬声器发声效率低，约在 0.5%～2%。纸盆扬声器一般适用于室内的高音质放音。

b. 号筒扬声器　由驱动单元（音头）和号筒两部分组成，如图 6-58 所示。号筒有指数形、双曲线形、圆锥形等，其中最常见的是指数形号筒。所谓指数形号筒就是其截面按指数规律展开。号筒扬声器有一个低频截止频率，相当于高通滤波器，所以号筒扬声器亦称为高音扬声器。号筒扬声器的驱动单元与电动式纸盆扬声器的构造相似，不过通常不用纸而是用刚性大的球顶形振膜。球顶形振膜不是直接与号筒的喉部相接，

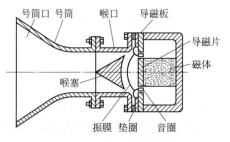

图 6-58　号筒扬声器结构图

而是通过容积很小的气室与号筒耦合。小气室的截面积比号筒喉口面积大，但气室的尺寸却比声波的波长小。这个气室起阻抗变换的作用，称作声变量器。通过它的阻抗变换作用，可以使振膜与号筒的辐射声阻抗匹配，从而得到高效率的声音输出。纸盆扬声器效率不高的原因在于纸盆的辐射能量是沿着一个与声源距离的平方成正比增加着的球表面传播，声压振幅随离声源远去而迅速减弱。

号筒式扬声器的发声效率为 10%～40%，工作频率较窄，低端频率失真大。其中折叠式号筒扬声器高频响应差，它有适合露天安装的外壳，适用于 800Hz 以下的低频声音，输入低频信号时，将因振幅过大而损坏扬声器，因此高频号筒扬声器不能单独使用，必须通过分频器才能与低频扬声器联用。

② 其他类型扬声器　有后辐射式扬声器、静电场扬声器、平膜扬声器、磁流体扬声器、RES扬声器、动反馈扬声器等，其原理都是通过不同的方式实现电能转换成声能，各自有各自的特点。

a. 后辐射式扬声器采用了一种后辐射式音头，辐射式音头在球顶形振膜与喉口之间装有多缝隙形式的喉塞，由于孔道多条，使声波由振膜上各点传到喉口所走的距离尽可能相等，因此更好地防止相位干涉。整个系统的后面用一保护罩盖住，为了避免保护罩与膜片之间的气室发生共振，罩上往往开一些小孔，使空气可以透过。这种设计可以改善声压的频响特性和指向特性。

b. 静电场扬声器是根据静电场产生机械力的原理做成，它由一个固定电极和一个可动电极形成电容器。为了产生一恒定的静电场，在两个电极之间需加一个固定的直流电压（即极化电压）。当声频电压加到两个电极上时，极板间所产生的交变电场与固定静电场相互作用，使电极之间的距离变化并有一个与声频电压相应的交变力，可动电极随着交变电流产生振动而辐射声波。可动电极通常是在塑料膜片上喷镀一层导电涂层制成。这种扬声器的高频响应可达 20kHz，并具有良好的瞬态响应，可以用作高音扬声器。

c. 平膜扬声器结构较为新颖，其音圈不用骨架，而是在膜片上蒸发一层铝膜，用光刻方法做成印刷音圈，直接与膜片形成一个整体。这种振膜重量轻，尺寸小，振膜同相位驱动，在高频可获得平滑响应并展宽至 40kHz 以上。

d. 磁流体扬声器中的磁流体是由一种四氧化三铁和二元酸脂油状合成物研磨成极细的微粒组成的油墨状液体，由于微粒非常小，其直径只有 1000nm，液体分子的不规则运动就可以使它们保持悬浮状态。把这种黏稠性流体注入放置电动扬声器音圈的磁隙中，当纸盆和音圈来回运动时，磁流体就会与音圈一起运动。由于在扬声器的磁隙中加入了磁流体，使磁流体扬声器具有了以下特点：由于磁流体粘在磁隙中，可使音圈自动定位于磁隙中心，磁流体能把音圈的热量传给周围金属而加速散热，从而提高了扬声器的功率容量。如果磁流体的黏度合适，可以起阻尼作用，使某些频率的有害共振减弱，减少了重发声音的失真。磁流体可以减少音圈高频振动时有害的弯曲变形，使重发声音更纯。

e. RES扬声器由一个或几个扬声器驱动单元策动一个长方形的聚合物薄膜，使之振动发声。RES振膜由成千上万个紧密压缩的聚苯乙烯球构成，由计算机辅助设计的膜片具有独特的轮廓，膜片的不同部分在各自特定的频带重放声音，因此一个振膜可以实现全频带、无指向性的声音重放。

f. 动反馈式扬声器是将负反馈技术应用到包含放大器和扬声器在内的放声系统中，就可以改进放声系统的放声质量。动反馈是将与扬声器的振动成正比的电压反馈到作为驱动系统的放大器的输入端，从而减小扬声器振动系统的失真，改善放声系统的频率特性。动反馈的配接有三种基本形式：速度型、加速度型和位移型。它们通过微分电路或积分电路可以转换，即与速度成正比的电压经过微分电路或积分电路可以分别转换为与加速度或振幅成正比的电压。三种动反馈方式中，反馈信号的拾取方法不同，第一种是附加音圈；第二种是用加速度计拾取；第三种是用静电拾振器，但这种方法使用于扬声器的效果不好。

扬声器的技术指标主要有标称功率、阻抗、频率响应和有效频率范围、平均特性灵敏度、失真度、指向特性等。

（2）扬声器的布置　大中型厅堂扩声系统的布置方式分集中式和分散式两种。

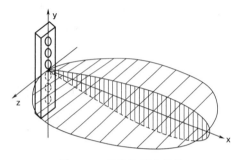

图 6-59　声柱的指向特性

① 集中式布置　将所有电功率集中在一处或彼此间距离很近的密集布置。在实用中常把几个扬声器垂直排列安装，并组成扬声器组装置，习惯称之为声柱。声柱在水平面上的方向性与单个扬声器相同。而在垂直面上由几个扬声器重叠，故方向性很强，如图 6-59 所示。对于标准形状（长∶宽∶高为 5∶4∶3）的厅室，应尽量采用集中式的声柱系统。声柱一般布置在听众的前方。

对于不很大的报告厅及礼堂，常采用两级扬声器的布置，如图 6-60 所示，这种布置方式易获得均匀声场，扬声器可以是号筒式或声柱，也可以是直射式纸盆扬声器，如果使用声柱则可以放在较低的位置。

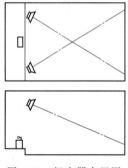

图 6-60　扬声器布置图

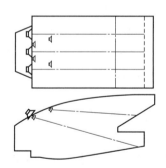

图 6-61　不同位置不同角度布置的扬声器

对于大型会堂或剧院的扩声器系统，应采用双频带扬声器组合放声，由于高音扬声器方向性强故需用两组分别楼上、楼下放音，而低音扬声器方向性差，只需一组同时向楼上、楼下放音，布置形式如图 6-61 所示。

② 分散布置　在某些情况下，如长房间或混响时间较大的厅堂，应采用分散式布置方式。扬声器可以沿墙布置或装于顶棚。如图 6-62 所示。为了避免产生电声反馈和视听不一致，话筒应采用单方向的，对送至后面扬声器信号采取一定的延时。扬声器分散布置时，每个或每组扬声器对每一分区放音，

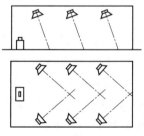

图 6-62　分散布置的扬声器

但是在任何一个分区都会有相邻分区扬声器的声音，并有一定时间延迟，但这个延迟不应妨碍本区扬声器所发声音。在有混响的房间内，延迟声不易察觉。

3. 扩音机

扩音机是有线广播系统的重要设备之一。它主要是将各种方式产生的弱音频输入电压加以放大，然后送至各用户设备。扩音机上除了设有各种控制设备和信号设备外，主要由前级放大器和功率放大器两大部分组成，如图 6-63 所示。

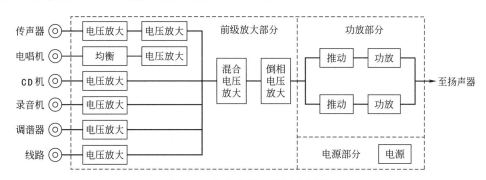

图 6-63　单声道扩音机组成框图

小功率扩音机将前级放大器和功率放大器两部分合装在一台设备中，而大型扩音机系统则将前级放大器和功率放大器分开为独立的前级放大器和功率放大器。前级放大器的功能是将微弱的信号进行初步放大，使放大的信号能满足功率放大器对输入电平的要求。功率放大器的作用是将前级放大器取得的信号进一步放大，以达到有线广播线路上所需功率。功率放大器的输出功率可以从数瓦一直到数千瓦。

100W 以上的大功率扩音机多采用电子管和晶体管混合装置，其中功率放大部分常采用电子管，而前级大部分和整流部分采用晶体管。目前采用全晶体管、集成电路的小功率扩音机也为数不少，除前级采用晶体管或集成电路外，末级的功率放大部分也采用了大功率晶体管、大功率场效应管或厚膜电路组件等。

功率放大器的输出有定阻输出和定压输出两种。定阻输出的功率放大器输出阻抗较高，输入信号固定时，输出电压随负荷改变而变化很大。定压输出的功率放大器，由于放大器内采用了较深的负反馈装置，这种深负反馈量一般在 $10\sim20$dB，因而使输出阻抗较低，负荷在一定范围内变化时，其输出电压仍能保持一定值，音质也可保持一定质量。定压输出的扩音机常应用于有线广播系统，使用方便，能允许负荷在一定范围内增减。

扩音机的主要技术参数如下。

（1）额定（标称）输出功率　是指扩音机在一定负载电阻，一定谐波失真条件下（如 5%），加入正弦信号时在负载电阻上测得的最大有效功率，在未注明谐波失真时通常是指谐波失真为 10% 时的输出功率有效值。常用的扩音机额定输出功率有 5W、15W、25W、50W、100W、150W、250W、275W、500W 等多种。

关于扩音机的输出功率还有另一种按音乐功率或峰值功率计算的方法，称为音乐功率或峰值音乐功率。音乐功率是指在一定的负载电阻上和一定的谐波失真条件下，输入模拟信号时在输出端测得的音乐功率和峰值音乐功率。用额定输出功率和音乐功率这种方法测得的数据是不同的，可能相差 $8\sim10$ 倍。扩音机的额定功率小于音乐功率，更小于峰值功率。对于礼堂、会场剧院等公共场所，在电声设计中应根据厅堂的规模和扩声的音质标准选择扩音机。对于建筑物内的有线广播，达到正常响度所要的声功率并不很大，应根据建筑物本身的规模来确定扩音机功率的大小。不过建筑物内广播不同于礼堂、会场、剧院等公共场所，设计中在计算功率时，应当充分考虑其本身的特征，以作出合理的选择和安排，还要考虑留有相当的裕度来选择。有线广播扩音机应备用功率放大器，其备用数量应根据广播的重要程度确定。备用功率放大器应设自动或手动切换环节。用于重要广播的环节，备用功率放大器平时处于热备用状态。

一般用途的扩音机，在规定频率响应范围内，频率失真度要求不大于 6%～8%，而高传真的扩音机则在 40～16000Hz 频率范围内，其失真度可以达到 <1% 的指标。

人耳所能察觉到的失真度和频带宽度有关。对于 100～5000Hz 频带内的扩音系统，4% 的失真度可以刚刚被有经验的人察觉，而对 40～16000Hz 的频带扩音系统，人们可以察觉到 1% 的失真度。

(2) 动态范围　扩音机输出最强和最弱的声音的声压比的范围称扩音机动态范围。即：

$$动态范围\ N = 20\lg\frac{P_{\max}}{P_{\min}}(dB)$$

一般在话筒前讲话或演奏乐器产生的最大声压为 90dB，最小声压为 35dB，这样声源的声压范围即为 55dB。为了保持声源的声压范围不因经扩音后有较大的影响，扩音设备应满足一定的扩音动态范围。对高质量扩音设备，要求动态范围一般不小于 55dB，最小值应为 25～30dB。如果动态范围太小，经扩音后的声音使人感到平淡、呆板、不逼真。

(3) 频率响应　频率响应是指扩音设备对声源发出的各种声音频率的放大性能（响应程度），是衡量扩音机在电信号放大过程中对原音音色的失真程度，一般以不均匀度为 ±2dB 响应范围内的频率宽度作为频响指标。

为了保持扩声后的音色自然和语言清晰，要求扩音设备对各个频段的声音尽量具有同样的放大性能。如果高频放大不够，就会使人有暗哑不清的钝音感觉；如果低频放大不够，就会听到不悦耳的啸叫声和咝咝声。对要求质量优良的高传真扩音机，在 20～20000Hz 范围内的频率响应一般不超过中频段 800Hz 的响应值 ±1dB；对于一般频率响应在 80～7000Hz 时，如果 ≤±2dB，就可以认为扩音质量是满意的。

(4) 失真度（或称非线性畸变）　失真度表明谐波失真的程度。产生原因是声源的音频信号经过扩音后音频波形上加入了谐波成分，谐波成分的幅度越大，非线性畸变越严重。

一般用途的扩音机，在规定频率响应范围内，频率失真要求不大于 6%～8%，而高传真的扩音机则在 40～16000Hz 频率范围内，其失真度可以达到 <1% 的指标。

人耳所能察觉到的失真与频率和频带宽度有关。对于 100～5000Hz 频带内的扩音系统，4% 的失真度可以刚刚被有经验的人觉察，而对 40～16000Hz 的宽频带扩音系统，人们可以觉察到 1% 的失真度。

(5) 噪声　衡量扩音机的噪声指标是用噪声电平或信噪比来表示的。

$$噪声电平 = 20\lg\frac{噪声电压}{信号电压}(dB)$$

$$信噪比 = 20\lg\frac{噪声电压}{信号电压}(dB)$$

式中，信号电压为扩音机的额定输出电压，V；噪声电压为扩音机的电热噪声电压，V。

由于噪声电压总是比额定输出电压小，所以噪声电平的分贝值是负的，而信噪比是正值。一般用途的扩音机要求信噪比为 40～60dB，而高传真扩音机要求信噪比 ≥84dB。

（6）扩音机的输入　扩音机的电路是根据输入电压的大小来设计的，每一种扩音机都有规定的输入电压要求。过大的输入电压将引起放大器过载失真，过小的输入电压意味着传声器输入灵敏度低，结果放大后使相对噪声增大，或者是音量较低。

扩音机的输入信号有传声器、电唱机、录音机和特殊"线路"等，信号输入连接应考虑阻抗匹配和输入电压等问题。表 6-13 列出国内一般扩音机各通道的输入参数。

表 6-13　国内扩音机各输入通道参数表

输 入 通 道	阻 抗	输入电压 /mV	输入电平/dB （基另 0.775V）	线路输入插孔形式
传声器	≥20kΩ	≤10	≤-38	不平衡式
	≥300Ω	≤1	≤-58	平衡或不平衡式
拾音（唱机、录音机）	≥100Ω	≤200	≤-11.5	不平衡式
线路	500Ω	≤775	≤0	平衡或不平衡式

（7）扩音机的输出　形式有定阻抗式和定电压两种。

① 定阻抗输出的扩音机是老式产品，特点是输出阻抗，当输入信号固定时，输出电压随负载阻抗而变，影响输出信号导致非线性失真。因此定阻抗输出要求实现阻抗匹配，以提高传输效率，负载变化时需要连接负荷保持平衡，使用上不够方便，但价格较低，频率响应范围中等，故在使用变化不大的中小型扩声系统中较多采用。

定阻抗式扩音机的输出功率有 25W、50W、80W、100W、150W 等几种；对于频率响应，输出功率较小者为 200～4000Hz，输出功率较大时为 80～8000Hz；输出阻抗在 100W 以下有 4Ω、8Ω、16Ω、32Ω、200Ω、250Ω 等几种。

② 目前新产品基本都是定压式。定压扩音机在末级输出电路中设有较深的负反馈，输出内阻低，其输出电压及失真度受负载变化影响小，因而可容许负载在一定的范围内增减，以便于扬声器的连接。因此选择扩音机的输出形式时应尽可能采用定电压式。

定压式扩音机的输出功率常有 50W、80W、100W、150W、275W、300W、500W、2×275W、2×300W、2×350W、4×250W 等几种。频率响应范围在 150W 时有 120V、240V 等几种。

（8）扬声器连接配件　在有些场合使用扬声器，尚需一些配件，即输送变压器，当扩音机采用高阻抗输出时，扬声器需配用输送（线间）变压器。输送变压器的初级和次级常有几个绕组，每个绕组中间又有若干个抽头，如图 6-64 所示。

为了方便定压式和定阻式网络的

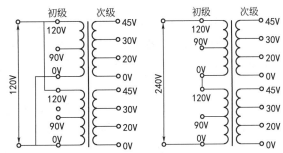

图 6-64　定压式输送变压器初级绕组的连接

应用，变压器的初、次级绕组采用阻抗或电压两种标志，前者称定阻抗式输送变压器，后者称定电压式输送变压器。使用时，定阻抗匹配线路，应选用阻抗标志的变压器；定压式匹配线路，应选择电压标志的变压器。输送变压器初、次级的不同组合方式，可得到多种不同电压等级的输入、输出电压。变压器变比的选取应使变压器次级的阻抗（或电压）与所接负载（或电压）相等；同时变压器的初级阻抗（或电压）与线路阻抗和扩音机输出阻抗之和相等。

4. 调音台

调音台又称调音控制台、前级增音机，它将多路输入信号进行放大、混合、分配、音质修饰和音响效果加工，是广播、舞台扩声、音响节目制作等系统中进行播送和录制节目的重要音响设备。

调音台按不同的分法，可以分成不同的类型。如按输出方式可分为：单声道调音台，双声道立体声调音台，四声道调音台，多声道调音台；按使用场合可分为：便携式调音台，固定式调音台，半固定式（可移动式）调音台；按信号处理方式可分为：模拟式调音台和数字式调音台；按录音节目种类可分为：音乐调音台、语言调音台以及混合录音调音台；按自动化程度可分为：自动化调音台，非自动化调音台等。

调音台具有各种功能单元，如输入通道、各种补偿音质的均衡器、组合成总输出的母线以及相应的输出放大器，每个输出通道都有电平指示器（VU 表或 PPM 表）。对于立体声节目或多声道录音，还必须具有声像移动和定位的装置。为了人工延时和混响设备的应用，以及进行提示返送，调音台还应设置辅助输出母线。性能较完善一些的调音台，还设置特殊音响效果加工用的输入、输出插口等。

典型的调音台原理框图如图 6-65 所示，多声道调音台相当于多个单声道调音台的并列，而立体声调音台是在多声道调音台的基础上有加上一些特殊的声像方位控制电路而构成的。

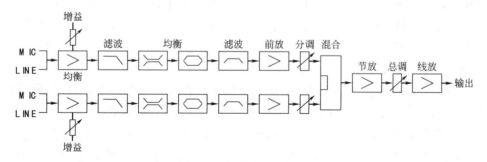

图 6-65　调音台原理框图

调音台的工作原理如下。

（1）信号输入　传声器产生的微弱信号直接送入前置放大器进行电平提升（同时进行声色调整——频响控制），再送到各自的"电平调整器"。电平调整器又称音量控制器，实际上是一个直线式推拉电位器，用以调节送往后面主放大器的信号电平，使各路节目源在输出总信号中电平适当。

这种先将信号电平提升再进行电平调整的方式，是为了降低通路中固有噪声对声音信号的干扰，保证声音信号在通路中能具有足够高的信噪比。如果直接对传声器产生的微弱信号进行电平调整，电平调整器引进的感应噪声、它本身的热噪声遗迹调节噪声的影响势必增加。为了适应各种不同灵敏度的传声器，传声器输入口的工作电平应能相应变化，为此传声器放大器的放大量常做成可调的（一般 10dB 一档步进变化）。

录音机的输出或经传输线由其他调音台送来的信号，由于电平较高（按规定其额定平均值在 0.775V 或 1V 左右），要送入线路输入口。这里信号电平不再进行提升，在经过平衡/不平衡交换（后面电路是不平衡的）、频率调整（其增益一般在 0dB 左右）即来到分电平调整器。由于分电平调整器前面的这些器件和电路的工作电平调音台无法控制，为使电路能正常工作，要靠限制输入信号电平的办法解决。

调音台是一种多路输入多路输出，具有混合、分配、放大等多流向信号处理功能的设备。其基本原理见原理框图。调音台是扩声及录音系统的中心环节，处理好调音台接口及内部各个环节的电平才能使声频信号不失真地正常传输。为保证扩声系统的信噪比不增加必须通过调节增益电位器和电平调节器，选择恰当的增益和衰减，以保证调音台的各个环节工作在合适的电平上。

调音台有若干路输入通道，每路通道完全相同，都设有低阻抗传声器（MIC）和高阻抗线路（LINE）输入端，分别用来连接传声器和有源设备。现代调音台一般有 6~24 路输入通道，两类输入端结合起来，使用同一路前置放大器。实际为差动输入运算放大器。传声器（MIC）信号很微弱，而有源设备（LINE）信号电平较高，因此要求放大器具有较高的增益调节范围，一般为 60dB 以上。输入信号经过电平提升后，再送入电平调整（衰减器）控制强度。这种先将信号电平提升再进行电平衰减的调整方法，是为了降低通路中固有噪声对声音信号的干扰，以保证信号在通路中能有足够高的信噪比。如果是直接对传声器等输入的弱信号进行调整，则电平调整器引入的感应噪声、放大器本身的热噪声以及调节噪声的影响就会增加。

调音台的输入输出端口有平衡式和非平衡式，而后面的电路是非平衡的，因此，输入信号要经过平衡/非平衡转换才能送入后面电路。调音台所以采用平衡式输入，是为了各信号源向调音台输送信号时感应噪声和它们的信号互串。

调音台各输入端口与信号源之间采用跨接方式连接，即调音台输入端口的输入阻抗远大于（至少五倍）对应信号源的输出阻抗，这是为了保证各种信号源都能有较高的技术指标。一般情况下，传声器的输入阻抗为 2kΩ，线路输入阻抗应大于 10kΩ。

（2）频响控制（前均衡器）　调音台的每个输入通道还设置有频率特性调整的频响控制电路，以便对某些频率特性欠佳的信号进行频响校正，或借助频响控制电路改变信号的音色，达到某种特殊的效果。调音台中各通道的频响控制由均衡器完成。均衡器通常采用高频（HF）、中频（MID）、低频（LF）三段均衡控制方式，均衡幅度均在 ±(10~15) dB。高频与低频均衡器大多为音调控制电路。

均衡器特性在高频段的斜度随着频率升高而上升，在低频段则随着频率的降低而上升。高频段与低频段的转折频率分别在 10kHz、60Hz 左右。

中频均衡器一般采用可控制频率移动的单频补偿均衡电路（窄带均衡器），典型的中频均衡电路的选频范围一般为 160Hz~5000Hz，在选频点处，可提供 ±15dB 的幅度均衡。高档调音台采用四段均衡或多段均衡控制。此外有些调音台的输入通道还设有高、低频频带限制电路，即高、低通道滤波器，以提供特殊音色或消除高、低频噪声及干扰的需要。

（3）电平调节器　在调音台的输入和输出通道均设有电平调节器，也称音量控制器。有些调音台常把输入通道的电平调节器称为分电平调节（简称分调）或分衰减器。它是由纯电阻组成的衰减网络，改变它的衰减量，即可调节电平。它的作用是控制对应输入通道送至信号混合电路的电平。在有多路信号输入情况下，为了获得理想的调音效果，需要对各路输入信号电平按照调音师的设计意图进行相应的调整、分配，此时，各通道中电平调节器所起的作用是控制各路信号和电平比例。

电平调节应具有以下四个功能和特性。

① 具有一定宽度的调节范围（至少达 20dB）。

② 电平调节方便、均匀，并且能实现连续可调，通常采用具有对数刻度的推拉式电位器。

③ 输入阻抗不应随着电平的衰减而变化。

④ 插入电平调节后不应破坏电路的原有特性。

电平调节器有无源式电平控制器和有源式电平控制器。

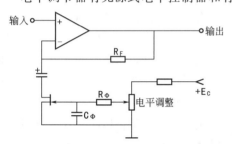

图 6-66　有源式电平控制器电路原理图

无源式电平控制器是利用电位器分压原理实现的，通过旋转或推拉式电位器的调节实现控制。电位器要求有良好的线性、噪声小、寿命长、阻尼感好。

有源式电平控制是一个压控放大器（VCA），如图 6-66 所示。

它通过控制外部直流电压来调节通道信号电平。改变电平调节电位器抽头位置，也改变了场效应管的栅极偏压，从而使漏-源等效电阻随之改变，运算放大器的负反馈量也就发生变化，从而达到电平调节的目的。由于有源控制器不是直接用电位器控制信号，所以消除了调节时的滑动噪声，并且便于实现遥控和自动调节功能。这在有数码远程调音台或高档家用组合音响等设备中均有应用。

（4）声像方位控制　调音台的每个输入通道都有一个专用的方位控制器，它由两个同轴电位器构成，它的作用是将对应输入通道的单声道输入信号按一定比例分成左、右两路输出，分别反馈至左、右两条母线上。声像控制旋钮旋至中心点时，两路均有相同输出，声像置于中间；向左方旋转时，左路输出增大，右路输出减少，向右旋转效果相反。

（5）混合与放大　调音台的每一路通道控制器将声像方位控制等分配的信号，按照电平的比例分别混合于不同的功能母线上。实现该功能的电路就是混合电路，它将输入信号合成节目所需的声道信号。混合电路可分为电压混合（高阻混合）电路、电流混合（低阻混合）电路和功率混合（匹配混合）电路，电路结构主要是运用放大器原理。

（6）节目放大器　调音台各输入通道的输入信号混合以后，成为节目信号，因此，混合电路后的放大器就是节目放大器，又称为混合放大器或者中间放大器，简称"节放"、"混放"或"中放"等。在电流混合时，该放大器已与混合电路组成一体，并多采用集成运算放大电路。

节目放大器是将混合后已经变弱的信号再次放大以便送入总电平调整放大器。在电流混合电路中节目放大器又起着加法运算放大器的作用。

（7）电平调节器　输出通道中的电平调节器结构和作用与输入通道中的完全相同，输出电平调节器也称为总电平调节器，要求其电平调节量能够满足节目信号的大动态范围，以适应音频输出信号的动态变化。

（8）输出放大器 调音台最后的线路放大器就是输出放大器，又称线路放大器，简称"线放"。它安装在混合总线之后，担负着将节目电平提升到所需值以及将输出阻抗变换到所需值的任务，以供录音、监听或信号的传输之用。与"节放"相同，其电路也采用集成运算放大电路。

当调音台用于录音或短距离传输信号（扩声系统即为此情况）时，线路放大器的额定输出电压大致有以下一些规格：准平均值为 0.775V（以 600Ω、1mW 为参数时，相当于0dB）；准平均值为 1.228V（标准 VU 表的 0VU）；准平均值为 1.55V（以 600Ω、1mW 为参数时，相当于＋6dB）；准峰值为 1.55V（标准 PPM 的 0dB）。按照规定，调音台线路放大器的输出与负载之间应跨接方式连接，即"线放"的输出阻抗应设计的远小于（至少 5倍）额定负载阻抗，使"线放"基本上处于空载状态。这不但可以使"线放"达到较高的电声指标，而且负载配接也比较方便。

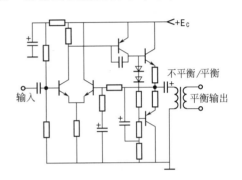

图 6-67 输出放大电路

现代调音台线路放大器的输出阻抗大多在200Ω 以下，对于 1000Ω 以上的额定负载，都可以满足上述的跨接要求。

图 6-67 所示为差分对管输入、互补推挽输出放大电路。这种电路采用差分对管输入，提高了电路的共模抑制比，增加了电路的稳定度；采用大功率的串联互补推挽电路，利用输出变压器将不平衡换为平衡输出，达到了电平、低阻抗的平衡输出要求；整个电路的各级之间以及大环路的负反馈通道均采用直流耦合方式，并设有温度补偿措施，使其工作点和交流增益均较为稳定。

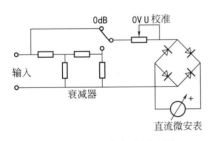

图 6-68 VU 表电路原理图

（9）输出显示电路 在调音台控制系统中设有显示电路，可以结合电平调节器的刻度，随时监视系统输出电平的变化情况，并判断整个系统内部各个部分工作是否正常，以便及时控制和调整。显示电路除设置在整个系统的输出通道中外，还可以设置在每一条输入通道的输出、监听输出、效果返送输出部分以及编组输出、辅助输出部分，以形成一个总监视系统，所有显示电路都与输出显示电路基本相同。通常输出显示电路有机械式电表显示和发光二极管（LED）显示两种。

① 机械式电表显示 电表显示有准平均值音量表（VU 表）显示和准峰值音量表（PPM）显示两种。VU 表的电路原理如图 6-68 所示，由具有 VU 刻度的直流表头、二极管整流电路及附加刻度校准和量程转换的衰减器构成。VU 表采用平均值检波器（二极管桥式整流，表头刻度用对数和百分数表示），并将参考电平标出。

PPM 表的原理框图如图 6-69 所示，它由量程转换装置、驱动电路峰值检波器、对数放大器以及直流电表组成。PPM 表有 50dB 的有效刻度，扩大了观

图 6-69 PPM 表原理框图

察范围。PPM 表指示的是信号峰值的大小，0dB 相当于信号峰值的 1.55V。可以用来监视输出信号振幅，但不能反映信号的响度。

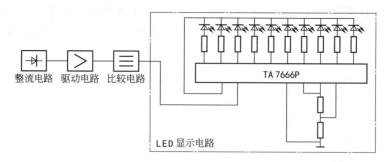

图 6-70　LED VU 显示电路

② 发光二极管（LED）显示　机械式 VU 表的最大指示为＋3dB，－10dB 以下数值的指示精度下降，表针摆动，指示不明显。近年来许多调音台的输出显示采用了发光二

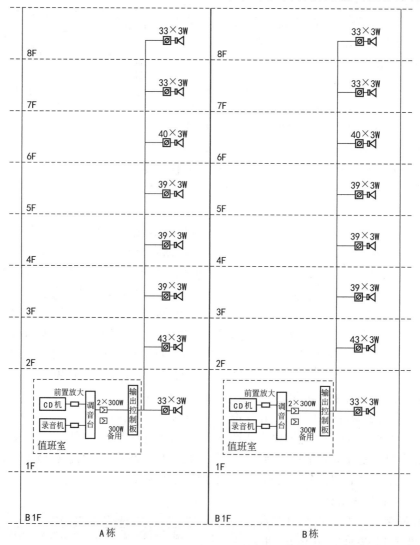

图 6-71　A 栋、B 栋建筑广播音响系统图

极管显示，它也有 VU 显示和 PPM 显示两种，但多数为 VU 显示。LED VU 显示电路，即为发光二极管准平均值显示电路，如图 6-70 所示，由平均值检波整流电路、驱动电路、比较电路以及 LED 显示电路构成。它比机械式 VU 表指示范围大，而且直观，指示电平也比较准确。

二、广播音响系统实例

某建筑 A 栋、B 栋广播音响系统见图 6-71。整栋建筑为八层，地下　层。该建筑具有完善的弱电系统。其中包括电缆电视、保安消防、宽带网络、可视对讲、电话、广播音响等。广播音响控制系统主机设在一层值班室，方便工作人员管理，音响系统主要包括：扩音机、调音台、输出控制板以及输入设备，输入设备包括 CD 机、录音机、话筒等，输出采用定压式输出，每层按要求设置 3W 扬声器若干只，主要功能有火灾报警广播、楼内通知广播、背景音乐广播等。扬声器采用电动式纸盆扬声器，在楼内顶棚布置。连接导线穿塑料管在顶棚内预埋。各单元广播音响系统结构基本相同，图中只示出 A 栋、B 栋两个单元。为符合消防要求，广播音响系统电缆采用阻燃电缆。

第九节　家居智能化系统识读

一、概述

随着科学技术的发展，现代家居更加人性化、智能化，使人们的生活更方便，更安全便捷。如三表出户，水、电、气表均在户外，免去了入户查表的麻烦，煤气泄漏探测器、被动红外探测器、门磁、窗磁、紧急按钮等器件都与小区管理系统联网，及时报警和上门处理，即使户内无人也能够避免灾害的发生和扩大。现代网络技术的发展也使人们能够在千里之外遥控家庭中的设备，通过将家用电器与网络互联即可实现遥控。现代科技使人们的梦想成为现实。本节主要介绍三表出户系统、智能燃气报警系统、安防系统等的基本知识和工程图的识读。

二、三表出户解决方案

1. 水表、煤气表出户解决方案

一般电表在户外比较方便，因为电力传输是用电缆，只要在单元楼门口处设电表箱，让每户的电线进线经过该电表箱即可解决用电计量问题。但是由于水和煤气不方便用单独回路供给，一般表都设在户内，这样给查表带来很大的不便。最初的解决办法是对老式的水表和气表加以改造，在表中加霍尔器件，表中的指针上的铁磁物质每次在其表面扫过时都将产生一个电磁脉冲，通过导线将脉冲信号传至户外的接收器，将信号脉冲整形放大后进入计数器，将指针所记录的信号分不同单位进行数字显示。水、煤气等显示仪表可以设在单元入口处与集中电表箱并列安置，为查表和抄表提供了很大的方便。为避免可能的停电造成的信号不能传递，需要在设备内部放置能够充电的长效电池提供临时电源，以备临时停电所引起不能准确计量的问题。这种解决方法比较简便，但需要较多抄表人员，并且需要抄表人员定期查表，除计量使用数量外，还能够及时发现个别出现的问题进行解决。为使水、气表设备体积更小，更可靠、简便，可以用单片机解决计数表问题，将多路检测脉冲信号输入单片机，分别进行处理、计数、存储，对不同表有按钮转换查询。更加先进的改进系统是将单片机的数据内容与网络连接，通过网络将数据传到管理主机，这样使管理更加方便。（见图 6-72）

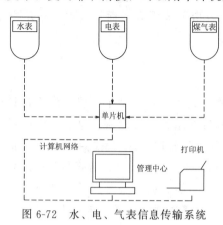

图 6-72　水、电、气表信息传输系统

2. 预付费 IC 卡多表一卡系统

该系统应用于水（冷、热、纯）、电、气和热表管理的预付费系统。用户预缴费后，管理部门将相关信息通过管理软件和读写卡器写入 IC 卡中，用户将 IC 卡插入到自己的表具中，信息将导入表内，可以开始正常使用水、电、气、热等，余量不足时报警提醒用户充值，余量为零时自动断水、电、气和热表，再充值才可以重新正常使用。每次充值时 IC 卡还可以将用户的使用信息带回管理软件，管理软件可以对数据进行记录、统计、分析和查询等。该系统解决了水、电、气和热等管理抄表难、收费难的问题。

实现智能水、电、气、热一卡通形式，老百姓只需凭一张卡就可以买水、电、气、热，且每个表分别占用了卡上的一个扇区，数据读取安全、稳定性好，且管理方便，用该卡还可实现水、电、气、门禁、停车卡等一卡通。

预付费 IC 卡多表一卡系统具有良好的人机交互界面，对用户资料进行管理，对用户购置情况进行记录和统计。本系统本着让用户操作方便、使用效率高、安全可靠的原则，对数据做了有效的保密措施。可以实现一卡多表，最多可适用 4～8 个种类（如水表、电表、燃气表、热量表等）。相对旧式的人工抄表、收费的方式，着重解决了收费难的问题，同时实现了自动抄表、自动结算、自动统计分析等功能。具体的应用方案可以根据不同的使用环境及要求灵活选择，分为单机版和网络版两类。单机版只需一台 PC，数据库和操作软件都安装在同一台 PC 机上，适用于管理范围相对较集中、参与的管理人员比较少、管理项目相对简洁的应用。网络版系统用多台 PC 安装管理软件，其中一台充当服务器，各个计算机之间通过局域网连接。适用于参与的管理人员比较多，管理项目相对复杂的应用。例如经理、操作员、财务人员可以同时参与，各自在自己的 PC 上处理工作。系统结构见图 6-73。

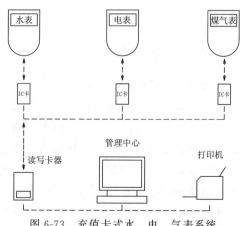

图 6-73　充值卡式水、电、气表系统

3. 远传抄表系统

所谓远传抄表系统是指由水、电、气表所带的发射装置将表检测的信息发射出去，发出的信息可以通过无线传输或通过网络系统传输。远传抄表系统由三部分组成：监控分析管理软件、接收集中器、传感器和信息发射器。发射器和接收集中器均与移动通信网络相连，水表运行时产生有序的脉冲信号，传感器实时记录下脉冲数量后保存在设备内存中,与其同时通信部分始终处于职守状态,发射器按设定的时间发送数据到指定接收集中器,通过软件体现给监控部门。

该系统充分利用通信网络,具有覆盖范围广,系统稳定等特点,通过接收集中器,监控分析管理软件可定时对分布安装在各站点的水表信息进行采集分析,并且不受距离限制(见图 6-74)。

该系统的技术特点如下。

(1)物理信号(水、电、气)传感器

金属外壳,并加屏蔽层,可有效防止磁场干扰;采用专项技术克服了一些特殊状态误发信号的缺点,信号传输准确,可确保千万次信号无误差;全密封结构,可防潮、防水,适合安装在各类检测仪表上。

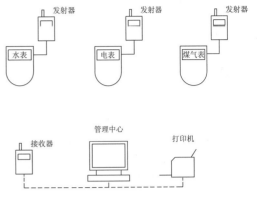

图 6-74　水、电、气表信息无线传输系统

(2)发射器

① 工作方式　发射器每天定时以短信方式定点发送信息到指定接收器中,发送信息包括:发射器电池状态(是否缺电),发送信息时刻前 24 小时内每小时表具的用水量,发送时刻表具总累计用水量。若出现传感器线被剪断,发射器外壳被非法打开等异常现象,发射器也会及时发出警报信号。

② 电源管理　发射器有 2 组独立工作的电源,都采用高能量蓄电池;一组专供信息存储,一组专供信息发射,任何一组电量不足,监测装置都会及时告警。

(3)接收集中器

用于接收指定发射器发射的水表信息,定时接收并集中处理所在区域的水表数据。

(4)监控分析管理软件

可在多台计算机安装客户分析端,允许多个操作员同时完成业务功能,对大计量表进行实时监察分析;可及时掌控多个网点表用户用水、电、气情况,数据稳定、可靠和安全性高;系统维护方便,通过对表具数据分析,可以了解各表信息,管理软件可以自动报警,并提示水表所出现的问题,从而确定水表的维护对象及相关维护措施,系统具有良好的稳定性,单只仪表出现问题对整个系统无任何影响。

三、智能燃气泄漏检测

燃气就是可燃气体,常见的燃气包括液化石油气、人工煤气、天然气。燃气泄漏探测器就是探测燃气浓度的探测器,其核心原部件为气敏传感器,安装在可能发生燃气泄漏的场所,当燃气在空气中的浓度超过设定值,探测器就会被触发报警,并对外发出声光报警信号,如果连接报警主机和接警中心则可联网报警,同时可以自动启动排风设备,关闭燃气管道阀门等,保障生命和财产的安全。在民用安全防范工程中,多用于家庭燃气泄漏报警,也被广泛应用于各类炼油厂、油库、化工厂、液化气站等易发生可燃气体泄漏的场所。探测可燃气体的传感器主要有氧化物半导体型、催化燃烧型、热线型气体传感器,还有少量的其他类型,如化学电池类传感器。这些传感器都是通过对周围环境中的可燃气体的吸附，在传感器表面产生化学反应或电化学反应，造成传感器的电物理特性的改变。

使用燃气泄漏报警器是对付燃气泄漏事故的重要手段之一。而燃气泄漏或废气排放而大量产生的一氧化碳是燃气中毒事件的主要根源，如有采用燃气泄漏报警器就能得到及时的警示，避免事故的发生。不同规格的报警器会输出不同类型的报警信号，通知报警系统或启动相应的联动装置。

四、安防系统

智能家居应有可靠的闯入安防报警系统。除本章第四节提到的小区内应有监控系统、访客可视对讲系统、红外（雷达）检测报警系统，住户内还应有门磁、窗磁检测报警系统。所谓门磁、窗磁是指在门框和窗框处加干簧管继电器，同时在门和窗的相应位置放置永久磁铁，门和窗关上时磁铁与干簧管感应，干簧管开关闭合，打开时磁铁离开，干簧管失磁开关断开。利用开关信号作为闯入报警信号与小区管理系统联动，起到安全防范的作用。如户内有人需要正常开窗时有解除报警开关。

被动式红外报警器的作用是能够探测人体红外辐射进行报警的一种报警仪器。由于依赖人体的自然辐射，具有良好的隐蔽性，不会被入侵者探知，能够防止非人体辐射的干扰。因为被动式无主动发射红外，因此具有功耗较低，信号可远距离传送，可靠性强的特点。如进行特殊设计类型，还可以作为火警报警器的辅助应用。智能家居设备平面图及图例见图 6-75。系统图见图 6-76。平面图主要反映家庭智能终端箱、门磁和窗磁继电器开关、紧急按钮、可燃气体探测器、被动红外探测器、水表、气表、数据插座等平面布置位置，以及相关安装技术数据，如距地高度，安装方式等。系统图中主要反映设备与信号线路的连接走向、线路的分配以及技术数据和敷设方式等。

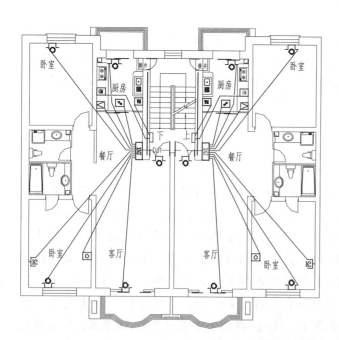

序号	符号	名称	备注
1	ZNX	家庭智能终端箱	
2		门磁、窗磁	
3		紧急按钮	距地1.3m安装
4		可燃气体探测器	吸顶安装
5		被动红外探测器	距顶0.3m安装
6	WM	水表	
7	QM	气表	
8	PS	数据插座	距地0.3m安装

图 6-75 智能家居设备平面图

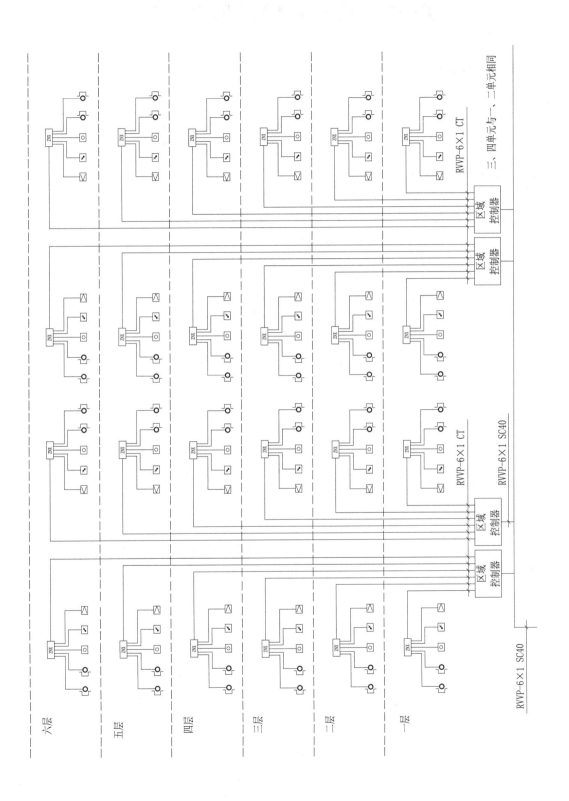

第十节　弱电系统综合图例识读

一、某办公大楼弱电系统工程设计概述

1. 建筑概况

本工程是一办公大楼，地下一层，地上十七层，地下一层为停车库和设备用房，地上部分为办公用房，主要为办公室、餐厅、资料室、会议室等，总建筑面积19980m²。

2. 弱电系统设计依据

① 甲方设计任务书及设计要求；

②《建筑设计防火规范》GB 50016—2006；

③《建筑物防雷设计规范》GB 50057—2010；

④《智能建筑设计标准》GB/T 50314—2006；

⑤《综合布线工程设计规范》GB 50311—2007；

⑥《有线电视系统工程技术规范》GB 50200—94；

⑦《安全防范工程技术规范》GB 50348—2004；

⑧《火灾自动报警系统设计规范》GB 50116—2013；

⑨《建筑物电子信息系统防雷技术规范》GB 50343—2004；

⑩《视频安防监控系统工程设计规范》GB 50395—2007。

3. 系统设计内容

① 有线电视系统；

② 综合布线系统；

③ 公共广播系统（背景音乐广播、业务广播和应急广播）；

④ 视频监控系统；

⑤ 停车场管理系统。

各系统平面图如图6-77～图6-83所示。设备图例及设备，器件安装方式见表6-14和表6-15。

表6-14　设备图例

图例	名称	图例	名称
	电视放大，分配器箱		电视网四分配器
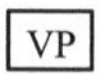 VP	电视分支器箱	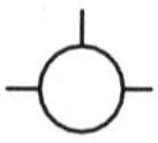	电视网一分支器
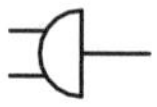	电视网二分配器	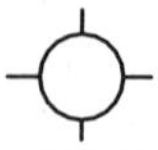	电视网二分支器
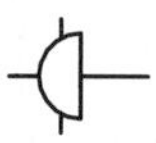	电视网三分配器	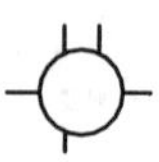	电视网三分支器

续表

图例	名称	图例	名称
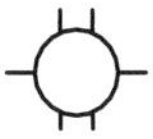	电视网四分支器	HuB	集线器
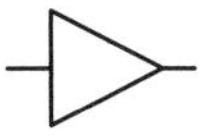	电视网放大器		跳线架
	电视网均衡器		综合布线机柜
	电视网匹配电阻		吸顶扬声器
 TV	电视用户输出口		挂墙式音箱
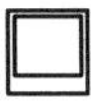	收监两用机		音量调节开关
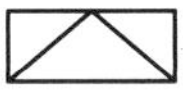	调制器		云台半球摄像机
DVD	DVD机		微孔摄像机
HS	话音,数据用户出线盒		监视器
K	话音卡机用户出线盒	VTR	录放像机
LiU	光纤接续器	混合器	混合器

表 6-15 设备、器件安装方式

图例	设备,器件名称	安装方式	距地面高度/m
HS	话音,数据用户出线盒	墙内暗装	底边 0.5
K	话音卡机用户出线盒	墙内暗装	底边 1.3
LiU	光纤接续器	柜内安装	
HuB	集线器	柜内安装	
	跳线架	柜内安装	
	综合布线机柜	讯井或控制室内落地安装	距地 0.1

续表

图例	设备,器件名称	安装方式	距地面高度/m
	云台半球摄像机	吊顶下安装	
	云台半球摄像机	墙面明挂	暗出线盒中心 2.5
	微孔摄像机	电梯轿厢内安装	
	吸顶扬声器	吸顶安装	
	挂墙式音箱	墙面明挂	暗出线盒中心 2.4
	音量调节开关	墙内暗装	暗出线盒中心 1.4
[TV]	电视用户出线盒	墙内暗装	底边 0.5
VP	电视分配、分支器箱	墙面明挂	吊顶内明装
	电视放大器箱	墙面明挂	底边 1.4

　　地下一层为设备用房和地下车库，为限制图幅，地下车库部分省略。主要有变电所、配电间、水源热泵房、送风房、排烟机房、消防水池、生活泵房、楼梯间、电梯间和地下车库，其电讯平面图如图 6-77 所示。从电信部门来的电话外线、数据外线和有线电视进线在此层穿钢管 S100 保护穿墙进入楼内，经线槽敷设至讯井，在讯井经竖向电缆桥架敷设至一层讯井，从一层讯井经线槽敷设至一层电讯机房。进线钢管均有备份预留。

　　地下层弱电设计分两部分，一部分是地下车库，其他设备间等为另一部分。地下车库部分在 16 轴墙上设置电讯接线箱，车库部分的电讯线路从讯井经线槽敷设至电讯接线箱，然后由电讯接线箱配出。

　　广播部分地下一层分两个分区，车库部分为一个分区，其他部分为另一个分区。车库分区设置壁挂式扬声器，线路由电讯接线箱配出。另一分区各设备间设置壁挂式扬声器，线路由讯井配出。

　　综合布线部分地下层没有工作间，在车库值班室、水源热泵房、变电所、配电间只设置语音点。

　　视频监控部分在车库内设置 2 台三可变摄像机，线路由电讯接线箱配出；在设备间部分电梯前室各设置一台三可变摄像机，线路由讯井配出。

　　一层主要由大厅、电讯机房、消防保安控制室、两个小餐厅、司机休息室、两个职工餐厅和厨房以及楼梯间电梯间构成，为限制图幅，餐厅、厨房部分略去。其电讯平面图如图 6-78 所示。围绕楼梯间、电梯间在环形走廊吊顶内敷设弱电线槽，并敷设至讯井。电讯机

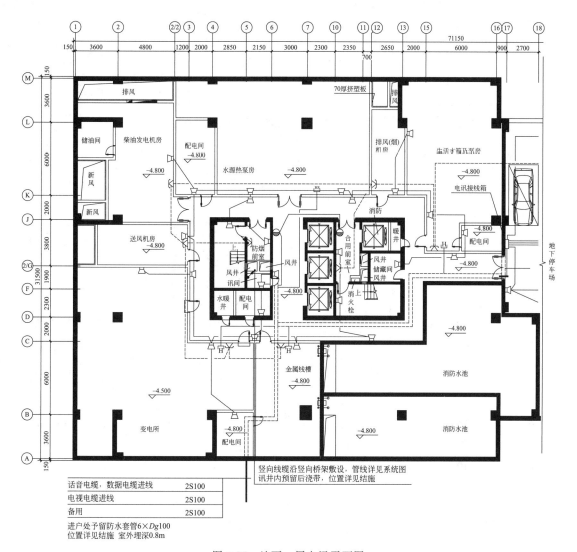

图 6-77 地下一层电讯平面图

房综合布线系统及有线电视系统和消防值班室内的公共广播系统、视频监控系统配出线路均有此线槽配出。

一层为一个广播分区，在楼梯间设置壁挂式扬声器，走廊、卫生间、大厅等公共部分设置吸顶式扬声器，二线制配线；其他如餐厅、司机休息室，消防控制值班室等设置吸顶式扬声器，配置音量开关，三线制配线，火警时强切为火警广播，不受音量开关控制。在大厅、接待台、休息室、值班室、餐厅设置有线电视插座，由设置在吊顶内的两个分支器箱经弱电线槽配出线路。在接待台、休息室、大厅、机房、餐厅、厨房等适当位置设置语音、数据信息点，5 类 4 对非屏蔽对绞电缆配线。在楼梯和电梯出入口、大楼出入口及和餐厅直接的出入口设置摄像机进行监视。

二层主要是会议室，有 300 人会议室 1 个、大会议室 1 个、小会议室 4 个，为限制图幅，略去 300 人会议室，其电讯平面图如图 6-79 所示。各弱电线路均由讯井经围绕楼梯间、电梯间的环形走廊吊顶内敷设的弱电线槽配出。300 人会议室经环形线槽分支配出至会议室内，会议室内弱电设备线路均由此线槽配出。楼梯间设置壁挂式扬声器，其他公共部分设置

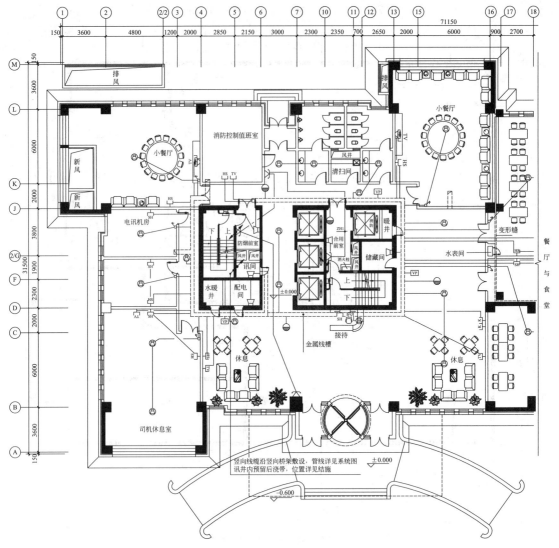

图 6-78　一层电讯平面图

吸顶式扬声器,二线制配线。各会议室内均设置吸顶式扬声器,配置音量开关,三线制配线,火警时强切为火警广播,不受音量开关控制。每个会议室设置语音、数据点各 2 个,有线电视插座 1 个,由设置在吊顶内的两个分支器箱经弱电线槽配出线路。300 人会议室设置三可变摄像机 2 台,其他公共部分摄像机设置与一层相同。

三层平面由 4 个资料室、2 间办公室、1 间新风机房、1 间放映室及卫生间和楼梯间、电梯间构成,如图 6-80 所示。各弱电系统线路自讯井经围绕楼梯间、电梯间的环形走廊吊顶内敷设的弱电线槽就近配出。楼梯间和新风机房设置壁挂式扬声器,其他公共空间设置吸顶式扬声器,二线制配线。资料室、办公室和放映室设置吸顶式扬声器,配置音量开关,三线制配线,火警时强切为火警广播,不受音量开关控制。每个资料室设置 2~3 组语音、数据信息点,1 个有线电视插座由设置在吊顶内的两个分支器箱经弱电线槽配出线路。3 个合用前室出入口设置 3 台摄像机进行监控。

四~十六层均由 16 间办公室、1 间会议室和公共空间构成。其电讯平面图如图 6-81 所

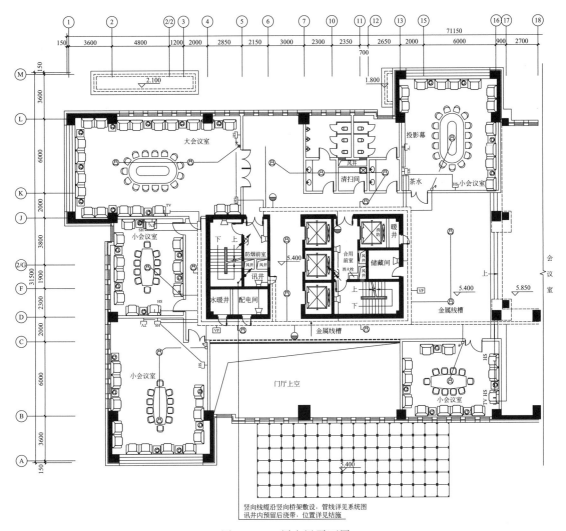

图 6-79　二层电讯平面图

示。各弱电系统线路自讯井经围绕楼梯间、电梯间的环形走廊吊顶内敷设的弱电线槽就近配出。每个办公室每个工作位设置语音、数据点各 1 个。楼梯间设置壁挂式扬声器，其他公共空间设置吸顶式扬声器，二线制配线。办公室和会议室设置吸顶式扬声器，配置音量开关，三线制配线，火警时强切为火警广播，不受音量开关控制。休息室和经理办公室各设置 1 个有线电视插座，由设置在吊顶内的 2 个分支器箱经弱电线槽配出线路。3 个合用前室出入口设置 3 台摄像机进行监控。

　　十七层由办公室、2 个调度中心、2 个核心机房、2 个会商中心和公共空间构成，其电讯平面图如图 6-82 所示。各弱电系统线路自讯井经围绕楼梯间、电梯间的环形走廊吊顶内敷设的弱电线槽就近配出。办公室设置语音、数据点 6 组。楼梯间设置壁挂式扬声器，其他公共空间设置吸顶式扬声器，二线制配线。办公室、会商中心、调度中心和核心机房设置吸顶式扬声器，配置音量开关，三线制配线，火警时强切为火警广播，不受音量开关控制。2 个会商中心各设置 1 个有线电视插座，由设置在吊顶内的分支器箱经弱电线槽配出线路。3 个合用前室出入口设置 3 台摄像机进行监控。

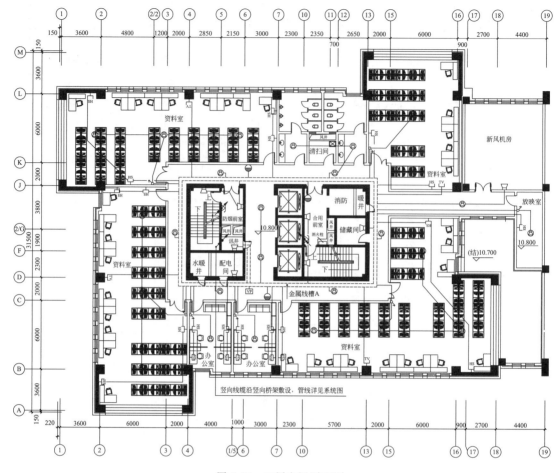

图 6-80　三层电讯平面图

机房层及水箱间层设置壁挂式扬声器，二线制配线，电梯轿厢设置微孔摄像机，线路由讯井线槽穿保护管墙内或楼板内暗敷设至设备点，机房层电讯平面图如图 6-83 所示。

二、有线电视系统

有线电视系统图如图 6-84 所示。系统采用（860）MHz 邻频传输，用户电平要求(64±4)dB，图像清晰度应在 4 级以上。

有线电视系统用来接收当地电视台有线电视节目，由楼外引来有线电视信号，由地下一层经弱电线槽引至地下一层电讯间，在电讯间由竖向电缆桥架引至一层电讯间后，经水平弱电线槽引至一层电讯机房电视前端设备箱，信号经放大处理后，经分支—分配—分支信号分配网络送至各用户电视输出口。分支-分配-分支信号分配网络组成如下：分别在二层、六层、十层、十四层电讯间设置有线电视前端箱，内设一分支器、均衡器、放大器和四分配器，将电讯机房送来的电视信号经一分支器分出一路信号，经均衡放大处理后，经四分配器分成 4 路信号给相邻四层提供有线电视信号；每层根据电视输出口多少设置分支器箱，对信号再次进行分支输出，每个输出口分配一路信号。

有线电视主干线采用 SYKV-75-12 同轴电缆，在电讯间内沿竖向电缆桥架敷设；分支干

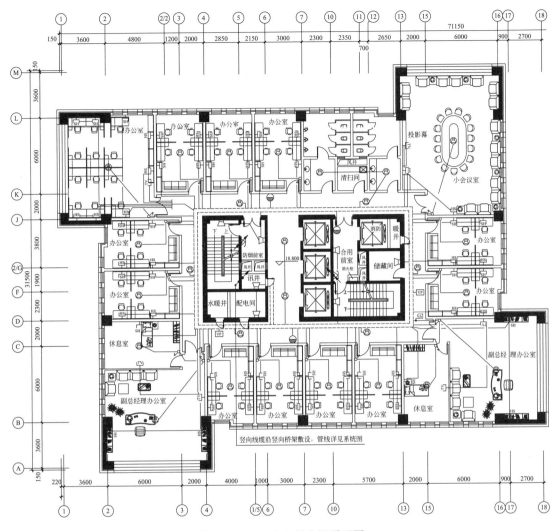

图 6-81 四～十六层电讯平面图

线采用 SYKV-75-9 同轴电缆，沿竖向电缆桥架或水平线槽敷设；支线采用 SYKV-75-5 同轴电缆，穿保护管在墙内或楼板内暗敷设，连接至有线电视出口插座上。

各层分支器箱在棚内明装，安装在吊顶上 50mm，此处吊顶应预留检修口。

三、综合布线系统

综合布线系统是将语音信号、数据信号的配线，经过统一的规范设计，综合在一套标准的配线系统上，此系统为开放式网络平台。本设计仅考虑预布线路，不涉及网络设备。本工程语音和数据网络采用非屏蔽综合布线系统。

综合布线系统由工作区子系统、水平布线子系统、楼层配线间、干线子系统、设备间和管理子系统组成。

综合布线系统图如图 6-85 所示。

(1) 工作区子系统　各工作区信息点的设置主要根据工作区的性质和甲方设计要求进行

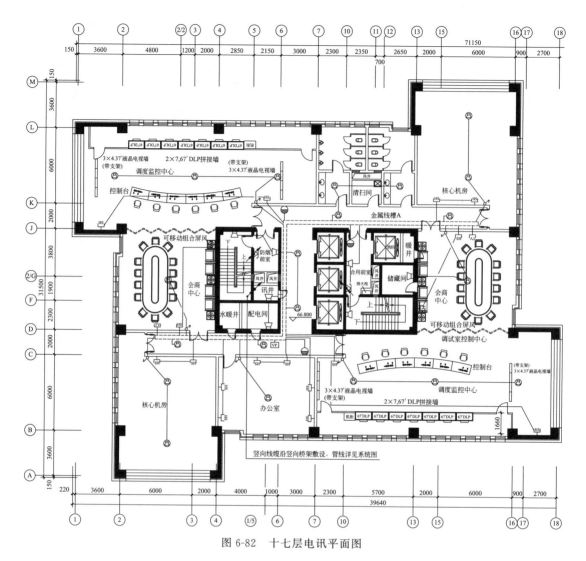

图 6-82　十七层电讯平面图

设置。办公室按工作位，每工作位设置 1 个语音点和 1 个数据点，采用复合双口面板；资料室根据面积大小设置 2～4 个语音、数据点；有人值班或经常活动的设备用房适当设置语音点；休息室设置 1～2 个语音数据复合点；会议室设置 2～4 个语音数据复合点；其他场所根据需要设置一定数量的信息点，作适当预留。工作区信息模块采用 5 类 RJ45 模块。信息点插座底边距地 300mm。

（2）楼层配线间　一～十七层的电讯间作为每层的楼层配线间，内设楼层机柜，机柜内设置配线架、理线器、光纤配线架、语音配线架等设备以及网络楼层交换机。

（3）水平布线子系统　采用专用的 4 对铜芯非屏蔽双绞线（UTP）按 D 级 5 类标准布线到工作区每个信息点。水平缆线自楼层配线设备经弱电线槽沿公共走廊吊顶内敷设，线槽至工作区各信息点缆线穿镀锌钢管墙内暗敷设。

（4）干线子系统　数据网络垂直干线选择六芯多模光纤，由一层电讯机房经弱电线槽水平敷设至一层讯井，讯井内由竖向电缆桥架敷设至各层讯井，端接于楼层光纤配线架。语音垂直干线采用三类 100 对大对数对绞电缆，由一层电讯机房经弱电线槽水平敷设至一层讯

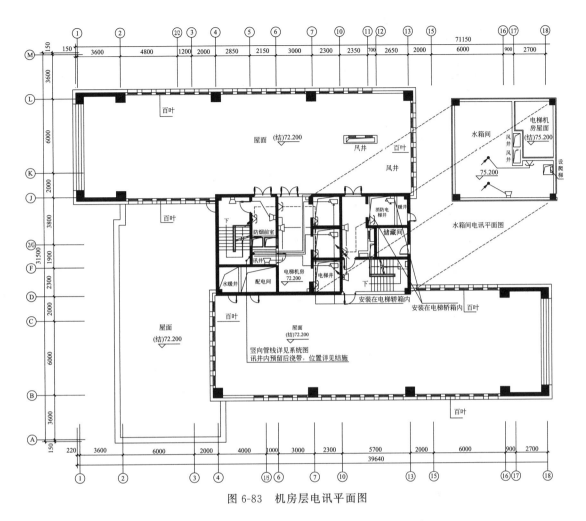

图 6-83　机房层电讯平面图

井，讯井内由竖向电缆桥架敷设至各层讯井，端接于楼层语音配线架。

（5）设备间　一层的电讯机房作为设备间、网络机房和电话机房，内设本建筑综合布线机柜，机柜内设置配线架、理线器、光纤配线架、语音配线架设备，网络系统网络汇聚交换机、路由器服务器等网络设备以及程控电话交换机。语音部分由楼外电信部门引来大对数电缆和中继线由地下一层进入楼内，经弱电线槽引至地下一层电讯间，在电讯间由竖向电缆桥架引至一层电讯机房语音配线架端接。数据干线由楼外电信部门引来单模光缆由地下一层进入楼内，经弱电线槽引至地下一层电讯间，在电讯间由竖向电缆桥架引至一层电讯机房光纤配线架端接。

（6）电讯机房　一层电讯机房按设计规范（GB 50174—2008）B 级机房标准执行。设置20kV 4h UPS 不间断电源、机房专用空调系统、气体灭火系统、通风系统、环境监控系统。机房内设 300mm 高架空防静电活动地板，机房布线采用下走线方式。弱电接地电阻小于 1Ω。

四、公共广播系统

公共广播系统图如图 6-86 所示。系统采用 PHILIPS SM30 智能广播管理系统，正常时

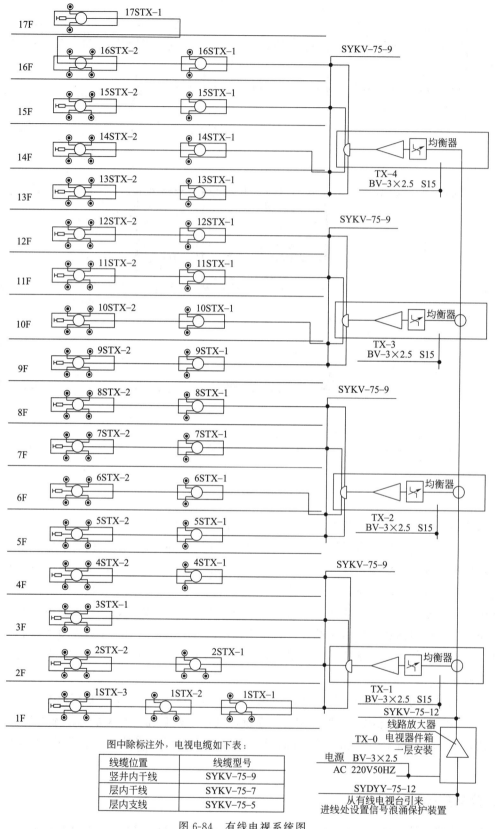

图 6-84　有线电视系统图

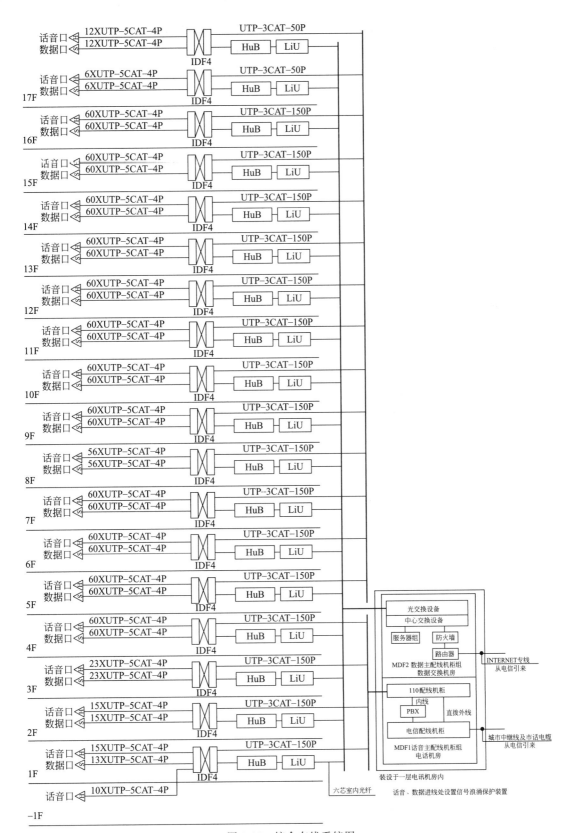

图 6-85 综合布线系统图

播放背景音乐或业务广播，火灾等紧急情况时播放紧急广播。广播系统均内置固态录音/播放模块、预录事故广播、疏散广播等音源，且信号均可设置优先切换功能。系统通过 SM30 呼叫站或主机键盘对音源及广播区任意选择，包括单个广播区、多个广播区或全区选择。系统通过监听监察单元（LBB1290/00）对系统所有功放输出选择监听，一旦功放产生错误，并发出故障报警信息。背景音乐广播音源主要由双卡座、多碟 CD 机播放，为走廊、电梯轿厅、大堂等区域提供背景音乐。服务性广播由系统设置的 SM30 呼叫站对广播分区选择广播，系统广播前，可插入提示音讯。紧急事故广播由系统设置 SM30 呼叫站对相关广播分区进行人工广播或由系统内置固态录音模块预录口信自动广播。正常情况下，广播系统对各区域播放背景音乐或业务广播；当发生火警（或其他突发性灾害事件）等情况时由系统自动或手动将相应楼层的背景音乐强制切换为消防紧急广播，对指定楼层进行消防广播，并将相应楼层内安装的音量控制开关强制切除，将节目源自动切换到消防紧急广播通道上，同时后级扬声器以最大音量播放消防紧急广播；当系统处于无人值班情况下，一旦系统接到消防控制主机传来的楼层火灾报警信息，系统可通过数字信息模块预先录制的广播信息，及时通知相关区域的人员，通过正确的引导程序，快速、安全有效地指挥人员安全撤离事故现场。

本工程广播分区的划分与消防分区一致，地下一层划分为 2 个广播分区，一～十七层每层一个分区，机房层和水箱间层 1 个广播分区，共分 20 个广播分区。

地下层设备房、楼梯间、车库设置壁挂式扬声器；走廊、大厅等设置吸顶式扬声器；办公室、资料室、会议室等设置吸顶式扬声器及音量控制开关，三线制配线，火灾时由控制模块强切使音量控制开关不起作用。

广播机柜及功放机柜设置在一层消防保安控制室内，兼做广播机房。广播配线自机房经弱电线槽敷设至一层讯井，沿竖向电缆桥架敷设至各层讯井。各层讯井至扬声器线路经线槽沿公共走廊吊顶内敷设，线槽至各扬声器配线穿镀锌钢管保护墙内暗敷设。

五、视频监控系统

视频监控系统图如图 6-87 所示，监控机房设在一层消防保安控制室内，内设视频监控系统的控制主机、电视墙、录像设备、视频切换器和画面分割器等后端设备。在各层主要出入口设置三可变摄像机，电梯轿厢设置微孔摄像机，对各监控点进行摄像监控。摄像机设置如下：地下一层在两个楼梯与电梯合用前室各设置 1 台摄像机，在停车场设置 2 台摄像机；一层在四个主要出入口各设置 1 台摄像机；二层在主要出入口设置 4 台摄像机，在会议中心设置 2 台摄像机；三～十七层在三个主要出入口各设置 1 台摄像机；机房层在 4 台电梯轿厢内各设置 1 台微孔摄像机。每台摄像机配置同轴电缆传输视频图像，各摄像机的控制采用总线控制方式。摄像机电源由机房电源系统统一提供。视频图像传输同轴电缆采用 SYV-75-5-1 实心聚乙烯绝缘射频电缆，电源线采用 BVV 线，控制总线采用 RVVP-3×0.5。

一层外视频线、电源线及控制线自一层消防保安控制室经弱电线槽敷设至一层讯井，沿竖向电缆桥架敷设至各层讯井。各层讯井至扬声器线路经线槽沿公共走廊吊顶内敷设，线槽至各扬声器配线穿镀锌钢管保护墙内暗敷设。一层线路直接由机房经弱电线槽沿公共走廊吊顶内敷设，线槽至各扬声器配线穿镀锌钢管保护墙内暗敷设。

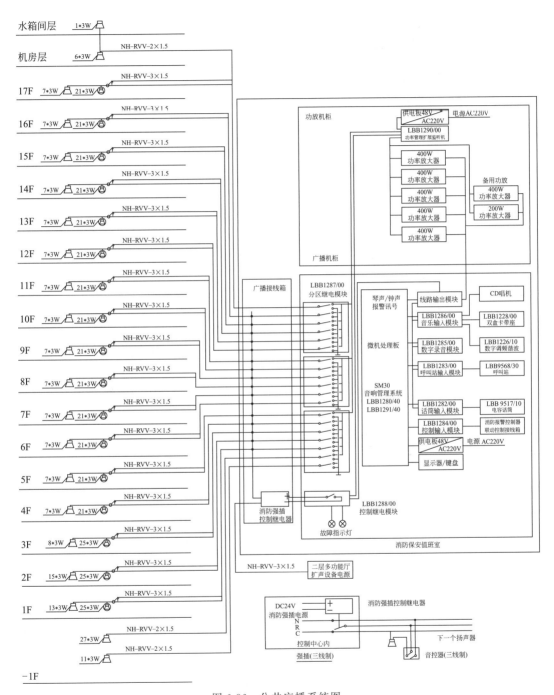

图 6-86 公共广播系统图

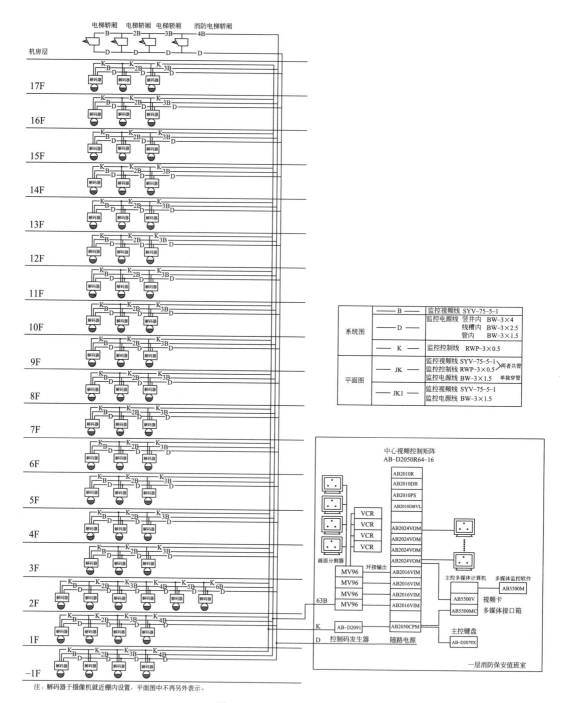

注：解码器于摄像机就近棚内设置，平面图中不再另外表示。

图 6-87　视频监控系统图

名　称	图形符号	名　称	图形符号	名　称	图形符号
综合布线部分					
电话插座	TP	光纤端接箱	OTU	光接收机	
电话分线箱		天线		光电转换器	O / E
电话过路箱		适配器	ADP	电光转换器	E / O
电缆交接间		电话		光发送机	
主配线架		程控交换机	PBX	光纤连接盒	LIU
分配线架		网络交换机	SWH	向上配线	
信息插座		路由器	RUT	向下配线	
交叉连线		调制解调器	MD	由下引来	
接插线		集线器	HUB	由上引来	
直接连线		多路复用器	MUX	垂直通过配线	
机械端接		微机		由上向下引	
转接点		服务器		由下向上引	
电缆		小型计算机		打印机	
光缆					

续表

名 称	图形符号	名 称	图形符号	名 称	图形符号
安 防 部 分					
被动红外入侵探测器	◁IR	电视摄像机		可视对讲机	☎ ▢
微波入侵探测器	◁M	楼宇对讲电控防盗门主机		图像分割器(×代表画面数)	⊞ (×)
电控锁	◁EL▷	玻璃破碎探测器	◇B	电视监视器	
被动红外/微波技术探测器	◁IR/M	读卡器		彩色电视监视器	
解码器	DEC	门磁开关		压力垫开关	
视频顺序切换器(x输入,y输出)	SV	紧急按钮开关	◎	压敏探测器	◇P
视频分配器(x输入,y输出)	VD	带云台电视摄像机		对讲电话分机	
保安巡逻打卡器		紧急脚挑开关	✓		
电 缆 电 视 部 分					
带矩形波导馈线的抛物面天线		可变均衡器		混合网络	
天线一般符号	Y	变频器,频率由 f_1 变到 f_2	f_1 / f_2	用户分支器一路分支	
放大器、中继器一般符号,三角指向为传输方向	▷	固定衰减器	dB	用户分支器两路分支	
均衡器	◇	可变衰减器	dB	分配器,两路	
解调器		调制器、解调器一般符号		分配器,三路	
调制器		调制解调器		分配器,四路	
用户分支器四路分支		匹配终端		带自动增益和/或自动斜率控制的放大器	

续表

名 称	图形符号	名 称	图形符号	名 称	图形符号
带本地天线的前端（示出一路天线）注：支线可在圆上任意点画出		具有反向通路并带有自动增益和/或自动斜率控制放大器		线路末端放大器（示出两路支线输出）	
无本地天线的前端（示出一路干线输入，一路干线输出）		桥楼放大器（示出三路支线或分支线输出）		干线分配放大器（示出两路干线输出）	
具有反向通路放大器		干线桥接放大器（示出三路支线输出）		混合器（示出 5 路输入）	
定向耦合器		有源混合器（示出 5 路输入）		分路器（示出 5 路输入）	
高通滤波器		陷波器		带阻滤波器	
低通滤波器		线路供电器（示出交流型）		正弦信号发生器注：＊可用具体频率值代替	
带通滤波器		高频避雷器		电源插入器	
供电阻断器（示出在一条分配馈线上）					
广播音响部分					
扬声器		传声器		扬声器,音箱,声柱	
高音号筒式扬声器		光盘播放机		磁带录音机	
调谐器、无线接收机		放大器		电平控制器	
消防系统部分					
缆式线型定温探测器	CT	感温探测器		感温探测器（非地址码型）	N
感烟探测器		感烟探测器（非地址码型）	N	感烟探测器（防爆型）	EX

续表

名　称	图形符号	名　称	图形符号	名　称	图形符号
感光火灾探测器		气体火灾探测器(点式)		复合式感烟感温火灾探测器	
复合式感光感烟火灾探测器		复合式感光感温火灾探测器		手动火灾报警按钮	
消火栓起泵按钮		水流指示器		压力开关	P
带监视信号的检修阀		报警阀		放火阀(70℃熔断关闭)	
防烟放火阀(24V控制,70℃熔断关闭)		防火阀(280℃熔断关闭)		防烟防火阀(24V控制,280℃熔断关闭)	
增压送风口		排烟口	SE	火警报警电话机(对讲电话机)	
火灾电话插孔(对讲电话插孔)		带手动报警按钮的火灾电话插孔		火警电铃	
报警发声器		火灾光警报器		火灾声光警报器	
火灾警报扬声器		消防联动控制装置	IC	自动消防设备控制装置	AFE
应急疏散指示标志灯	EEL	应急疏散指示标志灯(向右)	EEL	应急疏散指示标志灯(向左)	EEL
应急疏散照明灯	EL	消火栓			

摘自《电气技术中的文字符号制订通则》（GB 7159）

序　号	文 字 符 号	名　　称	英 文 名 称
1	A	电流	Current
2	A	模拟	Analog
3	AC	交流	Alternating current
4	A AUT	自动	Automatic
5	ACC	加速	Accelerating
6	ADD	附加	Add
7	ADJ	可调	Adjustability
8	AUX	辅助	Auxiliary
9	ASY	异步	Asynchronizing
10	B BRK	制动	Braking
11	BK	黑	Black
12	BL	蓝	Blue
13	BW	向后	Backward
14	C	控制	Control
15	CW	顺时针	Clockwise
16	CCW	逆时针	Counter clockwise
17	D	延时（延迟）	Delay
18	D	差动	Differential
19	D	数字	Digital
20	D	降	Down, Lower
21	DC	直流	Direct current
22	DEC	减	Decrease
23	E	接地	Earthing
24	EM	紧急	Emergency
25	EX	防爆	Explosion proof
26	F	快速	Fast
27	FB	反馈	Feedback

续表

序　号	文 字 符 号	名　称	英 文 名 称
28	FM	调频	Frequency modulation
29	FW	正,向前	Forward
30	GN	绿	Green
31	H	高	High
32	HV	高压	High voltage
33	IB	仪表箱	Instrument box
34	IN	输入	Input
35	INC	增	Increase
36	IND	感应	Induction
37	L	左	Left
38	L	限制	Limiting
39	L	低	Low
40	LA	闭锁	Latching
41	M	主	Main
42	M	中	Medium
43	M	中间线	Mid-wire
44	M MAN	手动	Manual
45	MAX	最大	Maximum
46	MIN	最小	Minimum
47	MC	微波	Microwave
48	N	中性线	Neutral
49	OFF	断开	Open,off
50	ON	闭合	Close,on
51	OUT	输出	Output
52	P	压力	Pressure
53	P	保护	Protection
54	PE	保护接地	Protective earthing
55	PEN	保护接地与中性线共用	Protective earthing neutral
56	PU	不接地保护	Protective unearthing
57	R	记录	Recording
58	R	右	Right
59	R	反	Reverse
60	RD	红	Red
61	R RST	复位	Reset
62	RES	备用	Reservation
63	RUN	运转	Run

续表

序　号	文字符号	名　称	英 文 名 称
64	S	信号	Signal
65	ST	启动	Start
66	S SET	置位,定位	Setting
67	SAT	饱和	Saturate
68	STE	步进	Stepping
69	STP	停止	Stop
70	SYN	同步	Synchronizing
71	T	温度	Temperature
72	T	时间	Time
73	TE	无噪声(防干扰)接地	Noiseless earthing
74	UPS	不间断电源	Uninterruptable power supplies
75	V	真空	Vacuum
76	V	速度	Velocity
77	V	电压	Voltage
78	WH	白	White
79	YE	黄	Yellow

参 考 文 献

［1］ 杨光臣. 建筑电气工程图识读与绘制. 北京：中国建筑工业出版社，2001.9.

［2］ 杨光臣，杨波等编著. 怎样阅读建筑电气与智能建筑工程施工图. 北京：中国电力出版社，2007.3.

［3］ 俞丽华编著. 电气照明. 上海：同济大学出版社，2001.9.

［4］ 孙成群主编. 民用建筑电气设计资料集（办公、住宅）. 北京：知识产权出版社，2002.2.

［5］ 邴树奎主编. 建筑电气设计实例图册（2）. 北京：中国建筑工业出版社，2002.5.

［6］ 李海，黎文安等编著. 实用建筑电气技术. 第二版. 北京：中国水利水电出版社.2001.6.

［7］ 叶选，丁玉林，刘玮编著. 有线电视及广播. 北京：人民交通出版社.2001.10.

［8］ 巩云. 音响原理与技术. 北京：机械工业出版社.2002.9.

［9］ 陈一才. 智能建筑设备手册. 北京：中国建筑工业出版社，2003.3.

［10］ 建筑工程常用数据系列手册编写组编. 建筑电气常用数据手册. 北京：中国建筑工业出版社，2002.2.

［11］ 中国建筑标准设计研究所，全国工程建设标准设计弱电专业专家委员会编写. 住宅智能化电气设计手册. 北京：中国建筑工业出版社.2002.3.

［12］ 刘宝林. 现代建筑电气设计图粹（下）. 北京：机械工业出版社，2003.1.

［13］ 刘宝林编著. 综合布线. 上海：同济大学出版社，2001.7.

［14］ 李英姿等编著. 住宅弱电系统设计教程. 北京：机械工业出版社，2006.1.

［15］ 陆文华编著. 建筑电气识图教材. 上海：上海科学技术出版社，2000.8.

［16］ 王再英等编著. 智能建筑：楼宇自动化系统原理与应用（修订版）. 北京：电子工业出版社，2011.9.

［17］ 王波. 建筑智能化概论（第2版）. 北京：高等教育出版社，2009.1.

［18］ 温红真著. 楼宇智能化技术. 武汉：武汉理工大学出版社，2009.1.